AI
职场应用
66问

U0386294

向安玲　编著

中国人民大学出版社
·北京·

图书在版编目（CIP）数据

AI 职场应用 66 问 / 向安玲编著. -- 北京：中国人民大学出版社，2025.3. -- ISBN 978-7-300-33800-2

Ⅰ. TP317.1-44

中国国家版本馆CIP数据核字第 2025HS4914 号

AI 职场应用 66 问

向安玲　编著

AI Zhichang Yingyong 66 Wen

出版发行	中国人民大学出版社	
社　　址	北京中关村大街 31 号	**邮政编码**　100080
电　　话	010-62511242（总编室）	010-62511770（质管部）
	010-82501766（邮购部）	010-62514148（门市部）
	010-62515195（发行公司）	010-62515275（盗版举报）
网　　址	http://www.crup.com.cn	
经　　销	新华书店	
印　　刷	中煤（北京）印务有限公司	
开　　本	720 mm × 1000 mm　1/16	**版　　次**　2025 年 3 月第 1 版
印　　张	19.5	**印　　次**　2025 年 3 月第 1 次印刷
字　　数	335 000	**定　　价**　88.00 元

总　序

人工智能正以前所未有的速度重塑人类社会的运行规则。从职场效率的颠覆性提升，家庭教育模式的根本性变革，到人机协作范式的重新定义，AI 已从技术概念进化为推动文明演进的核心动力。《AI 职场应用 66 问》《AI 重塑家庭教育：十二个关键问题》《提示语设计：AI 时代的必修课》这三本书以"天人智一"为核心理念，以"问行合一"为实践纲领，为个体与社会提供了一套从技术应用到认知升级的系统解决方案。

职场觉醒：从工具效能到天人智一的认知跃迁

《AI 职场应用 66 问》揭示了一个关键趋势：在生成式 AI 重构工作流程的今天，职业竞争力的核心已从"单一技能"转向"人机协同能力"。当 AI 能自动生成高精度报告、分析海量数据甚至预测市场趋势时，人类的价值正加速向战略决策与创新设计迁移。本书通过多个真实场景，展现了人机协作的深层逻辑——市场总监借助 AI 洞察消费者行为背后的情感动机，设计师基于 AI 拓展想象力和创造力，管理者利用 AI 实现组织效能的动态平衡。本书不仅是效率工具手册，更是"天人智一"的实践注解：当人类的价值判断与 AI 的数据洞察深度融合，职场将从机械执行转向智慧共创的生态系统。

教育重构：从知识焦虑到问行合一的范式升级

《AI 重塑家庭教育：十二个关键问题》直击智能时代的教育本质：当 AI 能解答任何学科难题时，教育的使命不再是填鸭式知识传递，而是培养机器无法替代的核心能力。本书以"问行合一"为方法论，将 AI 转化为家庭教育的能力放大器——通过 DeepSeek 等 AI 工具动态追踪孩子学习薄弱点，通过识别孩子情绪破解青春期沟通困局，利用职业倾向分析辅助孩子高考选科决策。以上实践并非技术堆砌，而是"工具理性"与"教育温度"的有机融合：AI 承担知识传授的标准化工作，家长得以聚焦价值观引导、创造力激发与批判性思维培养。这种转变的本质，是对"知行合一"教育理念的智能时代响应——在 AI 支持下，家庭教育从经验主导的经验主义，进化为数据驱动的科学实践。

交互跃迁：从基础指令到价值共创的元能力构建

《提示语设计：AI 时代的必修课》揭示了人机协作的底层密码：在技术普及的今天，提示语设计能力已成为区分平庸与卓越的关键标尺。本书突破工具操作的浅层教学，直指人机交互的本质——优秀的提示语不仅是清晰指令，更是人类意图与机器逻辑的翻译器。从商业文案的风格化生成，到跨文化广告的精准适配，再到影视剧本的创意孵化，这些案例证明：真正有效的提示语需要同时具备工程师的严谨性与艺术家的洞察力。正如"天人智一"理念所揭示的：在提示语设计中，参数设置是"技术骨骼"，价值导向是"人文灵魂"。当人类学会用机器的语言表达创造力，协作便升维为智能时代的核心竞争力。

作为 AI 科普读物，这三本书共同回答了一个根本性问题：在 AI 深度渗透的今天，如何实现技术进步与人类价值的共生？《AI 职场应用 66 问》重构生产力，《AI 重塑家庭教育：十二个关键问题》再定义教育本质，《提示语设计：AI 时代的必修课》革新协作范式——三者构成了"问行合一"的完整实践链。当 AI 能自动生成财报却无法判断商业伦理，当虚拟教师能讲解知识点却难以传递情感温度，当提示语能输出文案却缺乏价值判断，人类的核心使命愈发清晰：我们既是技术应用的设计师，更是文明价值的守门人。本套图书以扎实的案例证明：AI 时代的真正赢家，不是盲目追逐技术浪潮者，而是那些能将"天人智一"理念转化为实践策略的人——职场人用 AI 增强而非替代决策能力，家长借技术守护而非削弱亲子纽带，创作者以提示语释放而非限制想象力。

（本序由沈阳老师使用 DeepSeek 生成）

前　言

"打败你的不是 AI，而是会使用 AI 的人。"随着技术的加速迭代，AI 的应用逐步从专业领域拓展至通用领域。从认识 AI 到应用 AI，已然成为现代社会发展之必然趋势。褪去科幻色彩与技术泡沫，AI 对于普通大众而言已不再遥不可及。当我们谈论 AI 时，所讨论的也不仅仅是冰冷的机器和复杂的算法，而更多涉及智能技术如何重塑我们的产业结构与社会运作方式，以及如何赋能我们的职业发展和日常生活。

尤其是随着 DeepSeek、ChatGPT、Midjourney、Stable Diffusion、Sora 等生成式人工智能的规模性发展，AI 正在以前所未有的速度影响着我们生活和工作的方方面面。AI 写文案、写公文、写代码、做简历、做幻灯片、分析数据、创作音乐、设计海报、制作视频……AI 似乎已"无所不能"，不仅成为职场效率加速器，也在重塑各行各业的职业门槛与就业结构。对于普通职场人士而言，相比于为 AI"抢饭碗"而感到焦虑和恐惧，当下更应该做的是将 AI 视作"最强助手"，充分挖掘生成式 AI 所带来的工具红利。

可以说，人机交互、人机协同、人机共生已成为不可阻挡的趋势，而能用 AI、会用 AI、善用 AI 也成为不可缺少的技能。AI 在各行各业的应用场景不断拓宽。尽管 AI 的潜力被普遍认可，但其在职场中的应用尚未成为常态。技术恐惧导致的"弃用"，使用方法不当造成的"浅用"，以及应用不当导致的"滥用"，害怕用、不会用、用不好已成为职场人士 AI 应用之痛。

在此背景下，本书针对职场人士应用 AI 的热点、弱点、痛点和难点，从不同场景切入，系统性介绍不同 AI 工具应用的理论方法、操作技巧和实战案例。通过干货内容输出、逐步推导讲解、通用技能归纳，帮助职场人士把握 AI 应用的"道"与"术"。

本书特色

● 零基础：零基础入门，手把手教学，面向"技术小白"的 AI 应用指南。
● 强价值：拒绝"假大空"，摒弃资料堆砌，干货内容满满。

- 重实用：面向具体职场应用场景，以提升效率为核心导向。
- 多场景：内容丰富、覆盖全面，30 多款主流 AI 应用，60 多个典型应用场景。
- 多模态：文本、图像、音频、视频、虚拟数字人……多模态 AI 应用全面覆盖。

内容要点

AI文本	AI图像	AI音频	AI视频	AI虚拟数字人
· AI做PPT	· AI幻灯片配图	· 文本转语音	· AI剪辑	· 图片类数字人
· AI做会议记录	· AI设计图书封面	· AI语音翻译	· 文章转视频	· 真身复刻数字人
· AI写简历	· AI做海报	· AI变音	· 图片生成视频	· 数字人讲PPT
· AI写文案	· AI职场形象照	· AI配音	· 视频风格化转绘	· 数字人主播
· AI做数据图表	· AI生成电商模特	· AI声音克隆	· 人物换脸	· 虚拟形象开会
· AI分析股市	· AI设计名片	· AI原创歌曲	· 创意广告片	· 数字人客服
· AI分析财报	……	……	……	……
……				

　　本书所用到的相关工具合集可关注微信公众号"清新研究"，发送"66 问"获取。

目 录

AI 文本生成与职场应用

对于现代职场人士而言，和文字打交道可以说是很多人的工作日常。无论是处理文本材料、撰写公文材料、编写工作报告、整理会议记录，还是制作幻灯片、编写数据报表、批量输出文案、进行活动策划，文本信息都已成为大多数工作产出的载体。AI 的文本生成能力，可有效增强职场人士的"速读"能力和"速写"能力。无论是创意性文字工作，还是重复性写作工作，巧用 AI 均能有效提质增效。

1.1 初识文本 AI

在介绍具体工具应用之前，我们有必要先简单了解下文本 AI 的工作原理。文本生成类 AI 是生成式人工智能（Generative AI）的典型应用，了解其底层逻辑能够更好地帮助我们掌握它的应用技巧、了解其能力短板，从而取其之长、补己之短，更好地进行人机协作。

1.1.1 为什么生成式 AI 如此强大？

生成式 AI 也被称为 AIGC（AI Generated Content，人工智能生成内容），相比于传统的 AI 模型，它具备更强大的学习和模拟能力。它能够通过大量的数据训练，学习各种语言模式、知识结构和逻辑关系。以 DeepSeek-V3 为例，其预训练 token 量达到了 14.8 万亿——已经超过了绝大多数人类的阅读量。这使得生成式 AI 能够理解并生成符合语法规则和语义逻辑的文本、图像、音频等内容。与传统的内容生成方式相比，生成式 AI 不受固定模板或规则的限制，能够根据给定的条件或主题，自主生成多样化、个性化、灵活性的内容。此外，生成式 AI 还具有自我优化的能力，它可以通过持续的学习和自我改进，不断提高生成内容的质量和准确性，通过人类的反复"调教"和"磨合"，其生成的文本内容可不断贴近人的预期。

那么，生成式 AI 为什么能如此强大？它是如何运作的呢？

生成式 AI 本质上是一种统计语言模型，其通过对词语序列的概率分布建模来完成文本生成任务。即利用给定的上下文片段作为条件，来预测下一个时刻不同词语出现的概率分布。简单来说，生成式 AI 做的事情就是给它一个词语，能够预测下一个词语。示例如下：

给定上下文："新一代人工智能产品——AI Helper 3.0，其自然语言处理……"

给定词语 A "自然语言处理"，后面可能出现的词语有 B、C、D……

如 B "能力"，C "技术"，D "引擎"……

假设 AI 通过概率计算选择了词语 B "能力"，AI 会继续计算词语 B 后面可能出现的词语 E、F、G……

E "出众"，F "卓越"，G "强大"……

假设 AI 通过概率计算选择了词语 G "强大"，后面进一步可能出现的词语有 H、I、J……

H "功能"，I "性能"，J "实力"……

假设最后选择了词语 I "性能"，那么最后组成的短句则为："新一代人工智能产品——AI Helper 3.0，其自然语言处理能力强大，性能……"。以此类推，可完成后续文本内容的生成。

从以上案例可以看出来，对于生成式 AI 而言，其生成能力的强弱取决于两个方面：一个是预测链条的长度（即能往下推理多少轮次），另一个是每一层级计算出来的可能性多少（即每一轮次能想到多少种可能性）。两者从横向和纵向两个层面一起决定了一个模型的参数规模，"越长""越宽"的模型其参数规模通常越大，在生成式任务上通常也会呈现更好的表现。

相比于既往的 AI 模型，生成式预训练模型 GPT（Generative Pre-training Transformer）的一项关键创新是使用了变压器体系结构，变压器体系结构基于自注意机制，可以使模型更好地捕捉输入数据中的长距离依赖性。简单理解，就是 GPT 在生成任务中，能预测很多个轮次，捕捉很长距离的文本关系。以 GPT3 为例，其底层"神经网络"一共有 96 层，每一层能捕捉到的特征维度有 12 288 个，这就使得其参数量达到了千亿级别——远超过了人类大脑的神经元数量（图 1–1）。

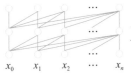

以GPT3为例，采用96层神经网络，每一层能捕捉到的特征维度为12 288个，总参数量为1 750亿（人类大脑中神经元的数量为120亿到140亿个）。

图 1–1　生成式 AI 神经网络示例

当然，我们并不能简单地将 AI 的"神经元"和人脑神经元相类比。前者的"脑结构"无疑是简单粗糙的，每一个"神经元"通常只有 0 或者 1 的二元状态；而人脑中的每一个神经元、神经突都具有复杂的调节机制，在分泌各种神经递质（如多巴胺）和传递各种神经信号的过程中，不是简单的 0（传递）或 1（不传递）的二元选择，而涉及很微妙的变化和分泌量的调节。这种差异也在一定程度上决定了"智脑"和人脑的能力区别，AI 虽然知识储备量大、信息处理能力强，但其在现阶段仍很难像人类一样进行创造性思考，或是拥有真正的情感和主观体验。人脑的复杂性不仅体现在神经元之间精细的连接和调节上，更在于它能够整合各种感知、记忆、情绪和认知过程，形成一个独特而丰富的内心世界。这种由生物和神经机制共同构建的深度与广度，是目前的 AI 技术还无法企及的。因此，在探索人工智能与人类智能的融合之路上，我们仍有许多未知需要解锁。

1.1.2　有哪些常见的文本 AI 工具？

文本生成作为 AIGC 技术的早期应用之一，已成为其发展过程中最成熟和被广泛使用的技术。随着时间的推移，AI 写作工具在多个方面实现了显著的进步。这些工具在理解上下文、抓取常识性知识、生成长篇文本方面的能力显著增强，在生成内容的完整性、准确性和逻辑性方面也取得了质的飞跃。如今，AI 写作工具的应用范围越来越广，涵盖了各种不同的使用场景。具体来说，文本类 AI 根据主要落地场景可以分为三大类：

1. 应用型文本生成

如据意查句和反向词典等应用，一般能提供具有明确功能的文本生成服务。

它们通常用于特定的信息检索、查询、整理等任务，用户在使用时有明确的目标和指向性。在职场应用中可完成如文件资料阅读、网络信息检索、会议纪要整理等场景式文本生成任务。

2. 创作型文本生成

如 Notion AI、WPS 智能写作等应用，这类应用更多地用于文本续写和内容创作。它们支持非结构化写作，允许用户在文本创作中拥有更大的发挥空间和自由度。

3. 对话型文本生成

如 DeepSeek、ChatGPT、Claude、豆包、文心一言、智谱清言、通义千问等，这些应用具有高度的交互性，同时对大型语言模型的自然语言理解能力提出了更高的要求。它们能够在对话中提供连贯、准确的回复，具备更强的开放性和灵活性。

目前，对话型文本生成已成为当下最为主流的一类文本 AI 应用。如图 1-2 所示，从 2022 年开始，国内外各类对话生成式工具大量涌现，"百模大战"已然成势。

图 1-2　国内外常见对话型文本生成 AI 工具

结合具体应用场景来看，不同文本 AI 工具的功能特性和适配场景差异分化，注册和使用门槛也存在区别。本书将常见文本 AI 工具梳理如表 1-1 所示，在后续内容中将针对应用型 AI、创作型 AI 和对话型 AI 中的常见工具进行介绍，重点针对对话型 AI 在职场中的实操应用进行讲解。

表 1–1　典型文本 AI 产品

产品类型	产品名称	功能特点
应用型文本生成	GrammarlyGo	在线语法检查、风格调整、文本长度修改
	Perplexity	多模态搜索、直接生成答案、GPT-4 集成、LLaMa2 支持、语境理解、快速内容生成、高度可定制
	秘塔 AI 搜索	快捷搜索、语义理解、多轮对话、语音搜索（支持接入 DeepSeek-R1）
	天工 AI 搜索	智能搜索、数据处理、深度学习、创意（支持接入 DeepSeek-R1）
	通义听悟	实时记录转写、多语种切换、快捷生成会议记录、自主检索关键词、精准定位核心信息
	ChatPDF	文件阅读、关键词查询、问题检索、引用回答
	据意查句 WantQuotes	智能聚集相关主题词汇的名言、诗句、俗语、成语
创作型文本生成	Notion AI	文本续写，内容生成，自动生成文章、会议日程等
	WPS 智能写作	文本自动生成、初稿辅助、句子补写、文本校对
	Gamma	PPT 大纲生成、设计排版、一键成文
对话型文本生成	DeepSeek	深度推理优化、长文本解析、垂直领域深度分析
	豆包	中文口语化交互、多轮情景对话、情感化回应
	通义千问	多模态理解、代码生成、跨文档知识关联
	讯飞星火	语音实时转写、多方言识别、会议纪要生成
	智谱清言	超长文本处理（10 万 +token）、法律文本解析
	文心一言	插件市场、实时检索信息、多模态生成等
	Kimi	长文处理、联网搜索、文件阅读
	腾讯元宝	超长上下文窗口、口语陪练、创新扩展
	ChatGPT	深度交互式对话、GPT 应用、数据可视化等
	Claude	复杂问题解答、情境模拟与角色扮演、深度数据分析
	Gemini	多模态处理、多样化变体模型、广告需求满足
	Grok xAI	社交媒体实时搜索、个性化设置、可扩展性

1.1.3 文本 AI 如何赋能职场效率提升？

以上这些文本 AI 工具，可从多方面辅助职场人士提升效率。根据表 1-1 对文本 AI 工具的划分，可梳理出以下典型应用场景：

1. 应用型文本生成

- 文件资料阅读与分析：AI 可以快速阅读大量文件资料，提取关键信息，并生成摘要或分析报告，帮助职场人士更高效地理解和处理大量文档。
- 网络信息检索与整理：对于需要从互联网上搜集大量信息的工作，AI 可以自动化地进行信息检索、筛选和整理，提供结构化的信息汇总，节省人工搜索和整理的时间。
- 会议纪要整理：在会议后，AI 可以根据录音或文字记录自动生成会议纪要，准确捕捉会议要点和决策结果，提高工作效率。

2. 创作型文本生成

- 内容创意与策划：AI 可以为广告、市场营销等提供创意灵感，生成吸引人的文案和策划方案，助力创意团队快速产出高质量内容。
- 文章撰写与润色：对于需要撰写大量文章或报告的工作，如新闻稿、行业报告等，AI 可以提供文章续写、润色和修改建议，提升文章质量和写作效率。
- 个性化培训与指导材料生成：根据员工的学习需求和能力水平，AI 可以生成个性化的培训与指导材料，帮助员工更快地掌握新知识和技能。

3. 对话型文本生成

- 智能客服与咨询：AI 可以作为智能客服，实时回应用户的问题和咨询，提供个性化的解决方案，提升客户满意度和服务效率。
- 内部沟通与协作效率提升：在团队协作中，AI 可以作为智能助手，协助处理邮件、安排会议、提醒任务等，提高内部沟通和协作的效率。
- 模拟面试：AI 可以与求职者进行模拟面试对话，评估其沟通能力和应变能力，并提供反馈和建议。
- 决策支持与数据分析：AI 可以根据大量数据进行智能分析和预测，为决策提供科学依据，同时也可以在对话中解释复杂的数据分析结果，帮助决策者更好地理解数据。

除了以上这些应用场景，生成式 AI 还在不断探索和拓展其在职场中的使用边界。随着技术的持续进步，AI 有望在更多细分领域发挥巨大作用，为不同行业多维赋能（图 1–3）。例如，在人力资源管理中，AI 可以协助进行员工绩效评估，通过大数据分析和模式识别，为管理者提供更客观、全面的员工表现评价。此外，在产品研发领域，AI 也能通过机器学习和优化算法，帮助企业快速迭代产品，提升市场竞争力。未来，随着 AI 技术的不断创新，其在职场的应用将更加广泛和深入，为企业和个人带来更多价值。

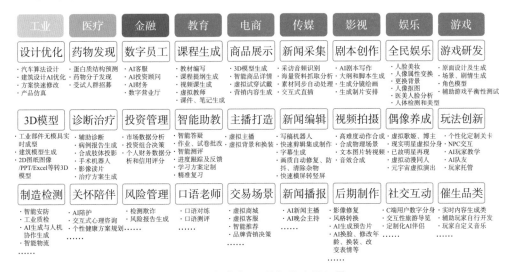

图 1–3　生成式 AI 的行业应用场景

1.2　文本 AI 操作技巧

当下各种 AI 工具的使用门槛逐渐降低，主流文本 AI 的注册用户规模已经接近 20 亿，覆盖人群和应用场景正在快速拓展。AI 逐步从"小众"过渡到"分众"和"大众"应用市场。但与此同时我们也发现，从"可用""能用"到"会用"仍存在信息鸿沟，同样的任务场景、同样的 AI 工具，不同用户使用 AI 的产出却差别甚大。相比于掌握 AI 工具的功能，掌握恰当的 AI 操作技巧，才是最核心的痛点。而对于使用文本类 AI 而言，如何向 AI 提问、如何向其发出指令、如何向其"投喂"语料，则成为熟练使用 AI 的必备技能。

1.2.1　如何轻松掌握提问技巧？

在 AI 时代，会提问或能写好"提示词（prompt）"成为人机交互的一种重要能力。提示词，简单来说就是对 AI 发出的指令，通常被认为是一种启动机器学习模型的方式，可以由一个或多个任务构成，包括背景信息、具体任务、细节要求等多重参数信息。在提问能力日趋重要的当下，提示工程师（prompt engineer）也成为一种收入不菲的新兴职业。

那么如何才能写好提示语呢？当下市场上有不少 AI 使用教材堪称"提示语字典"，整理了不同任务下的提示语集合。但无论是针对什么任务场景，提示语的撰写都存在其内在规律。授人以鱼不如授人以渔，只有掌握了提示语撰写的本质规律，而非简单照抄现成的模板，才能真正做到"以不变应万变"。为了方便记忆，这里将提示语的写作总结为"RTGO"框架（图 1–4）。

R（Role，角色）：用于定义 AI 的角色身份，例如数据分析师、产品销售、财务经理等。明确 AI 的角色定位，可以确保生成的内容具有一致性和专业性，同时有助于建立与受众之间的信任和连接。

T（Task，任务）：告诉 AI 需要执行的具体任务，可以是撰写一句口号、生成一篇文案、策划一个商业活动等。目的是为 AI 提供明确的任务指引，确保其生成的内容与预期目标相符，避免偏离主题或无法满足实际需求。

G（Goal，目标）：用于设定 AI 完成任务所要达到的目标，比如提高品牌知名度、传达特定信息、引发受众情感共鸣等。明确的目标有助于指导 AI 在完成任务过程中保持聚焦，确保最终产出的内容能够有效实现预定的效果。

O（Objective，要求）：对 AI 生成内容和完成任务的具体要求，包括篇幅、语言风格、内容结构、关键词使用等方面。需要注意的是，要求中可以重点加入"你不想要什么"，即需要 AI 去规避的点。提供详细的要求或操作指南，可以帮助 AI 更好地理解创作者的意图和期望，从而生成更加精准和符合要求的内容。

Role（角色）
定义AI的角色：
经验丰富的数据分析师
具备十年销售经验的SaaS系统商务
……

Goal（目标）
期望达成什么目标：
通过该文案吸引潜在客户，促成消费；通过该报告为相关企业管理者提供……策略支撑

Task（任务）
具体任务描述：
写一份关于XXX活动的小红书宣推文案
写一份关于XX事件的舆论分析报告
XX活动/事件相关背景信息如下……

Objective（要求）
字数要求、段落结构、用词风格、内容要点、输出格式……

图 1–4　RTGO 提示语框架

简单看一个 RTGO 的使用案例：

R- 角色：你是一名资深的小红书平台运营者，熟知小红书爆款文案特征，并且深入理解小红书平台的特性。

T- 任务：现在，你需要为一篇关于 [输入你的主题] 的帖子创作一段吸引人的文案，这篇帖子的目标受众是 [输入你的目标受众]。

G- 目标：你希望这段文案能激发用户的好奇心，并激发他们的消费欲望。

O- 要求：用词活泼、有趣，500 字，包含一些独特的视角，比如 [输入你的帖子的独特之处]。请考虑使用以下关键词或短语：[输入你希望使用的关键词或短语]。请注意不要使用"首先""其次"等结构化用词。

从以上案例中可看出，R 回应的是"你是谁"，T 回应的是"你要干什么"，G 反映了"通过这个任务你要达成什么目标"，而 O 回应的是"在具体操作过程中需要注意什么"。RTGO 不仅是一个结构化的提示语撰写框架，同时使用它也是帮助用户整理自己思路的一个过程。只有用户理清了自己的思路，才能更好地指导 AI 更有效地生成内容。在实际应用中，创作者可以根据具体需求灵活调整 RTGO 框架中的各个部分，以确保 AI 生成内容能够更适配现实需求。在之后的实操案例中，我们也会反复地练习 RTGO 框架的使用，并结合具体任务场景去细化各个板块的提示语要素。

除了 RTGO 框架，CO-STAR 提示语框架也被视为人机交互的一种有效策略（图 1-5）。CO-STAR 框架是新加坡 GPT-4 提示工程竞赛冠军选手 Sheila Teo 总结出来的一种提示语框架，与 RTGO 框架具备一定交叉性。

"C"代表"Context（上下文）"，相关的背景信息，比如你自己或是你希望它完成的任务的信息。

"O"代表"Objective（目标）"，明确的指示，告诉 AI 你希望它做什么。

"S"代表"Style（风格）"，想要的写作风格，如严肃的、有趣的、创新性表达、学术性……

"T"代表"Tone（语调）"，幽默的? 情绪化的? 有威胁性的?

"A"代表"Audience（受众）"，小白用户? 专业人群? 未成年群体? 女性群体?

"R"代表"Response（回应）"，一份详细的研究报告? 一个表格? Markdown格式?

图 1-5　CO-STAR 提示语框架

具体来看：

"C"代表"Context（上下文）"，在此部分，应提供与任务紧密相关的背景信息，以便为后续的指令奠定扎实的基础。

"O"代表"Objective（目标）"，此环节需明确、具体地阐述期望模型执行的任务，确保指令的清晰性和准确性。

"S"代表"Style（风格）"，在这一部分，应指明所需的文本风格，无论是正式、严肃还是其他特定风格，均可通过此环节进行精确定义。

"T"代表"Tone（语调）"，此部分旨在确定文本的语调，如幽默、亲切或激昂，从而更精准地传达信息。

"A"代表"Audience（受众）"，明确目标受众是至关重要的一步，它直接影响到文本的内容和表达方式。

最后一个字母"R"代表"Response（回应类型）"，在此部分需明确期望的输出格式，如报告、表格或纯文本，以满足表达需求。

以企业宣传文案为例，假设某科技公司欲推广其新研发的智能手环，若直接撰写，可能因缺乏针对性和吸引力而效果不佳。然而，通过运用 CO-STAR 框架，我们可以先设定背景为科技领域的创新环境，再明确目标为撰写一篇引人入胜的宣传文案；在风格上，我们选择简洁明了、科技感强的表达方式；在语调上，力求亲切且充满激情；同时，将目标受众定位为追求科技与健康的年轻消费者。最后，指定输出格式为一段富有创意和感染力的宣传语。如此一来，生成的文案将更具针对性和实效性。

CO-STAR 框架通过系统化地整合上下文、目标、风格、语调、受众及回应类型等关键要素，为 AI 模型提供了全面且细致的指令，从而大幅提高了生成内容的精准度和有效性。

除了以上两种框架，在具体人机交互过程中，还可以参考表 1-2 所示不同的提示语类型。值得注意的是，提示语并非越复杂效果越好，在有些任务场景下可能越简单的提示语越能留给 AI 更多的创作空间和更大的自由度，往往会有意想不到的效果。因此在实际操作过程中，还需不断积累经验，总结适配于不同职业场景的提示语。

表 1–2 AI 提示语撰写技巧汇总

序号	方法论分类	技术要点	应用实例
1	简明指令	以简洁句式表达核心诉求	"整理这篇文章中提及的观点"
2	结构化引导	运用排版技术增强逻辑层次	采用编号列表＋分栏排版组织信息要素
3	精准约束	设定具体输出格式与内容边界	"请分步骤说明，并辅以数据可视化图表"
4	案例示范	提供输入输出模板作为参考标准	"参照用户故事格式：作为 __ 我需要 __ 以便 __"
5	反思优化	触发 AI 的自我校验机制	"请给你输出的内容打分，并给出优化建议"
6	高级预设	配置用户画像与响应偏好	"设定身份：资深产品经理，需决策建议"
7	角色模拟	运用专业视角提升回答深度	"作为数据分析师，解读该行业趋势报告"
8	逻辑推演	分阶段展现思考验证过程	"首先建立分析框架，其次验证假设，最后形成结论"
9	自动化生成	智能创建定制化指令模板	"根据以上需求，按照 RTGO/CO-STAR 框架生成提示语"
10	全景规划	多维参数构建完整响应体系	"情境：跨国会议；任务：制定议程；输出要求：中英对照表格＋时间管理矩阵"

　　需要注意的是，相较于基础模型（如 DeepSeek-V3），推理模型（如 DeepSeek-R1）在提示语设计上更注重简洁性和开放性（表 1–3）。推理模型专注于处理复杂推理和深度分析任务，如数理逻辑推理和编程代码等问题，在文本内容生成任务上具备更强的开放性。在实际应用中，无需过多框架性内容：可去除角色设定、思维链提示、结构化提示词、示例说明等常规引导要素，我们只需明确四个核心要素：任务内容（做什么）、服务对象（给谁）、期望目标（要什么）和限制条件（不要什么）。这种设计理念与推理模型的特性高度契合——弱规范约束让其保持开放性思维，高目标开放促进多样化输出，网状探索路径支持复杂推理，主动创新的响应模式则更适合处理不确定性较强的任务场景。

表 1–3　基础模型和推理模型提示语差异（以 DeepSeek 为例）

维度	V3 模型	R1 模型
Regulation （规范性）	强规范约束 （操作路径明确）	弱规范约束 （操作路径开放）
Result （结果导向）	目标确定性高 （结果可预期）	目标开放性高 （结果多样性）
Route （路径灵活性）	线性路径 （流程标准化）	网状路径 （多路径探索）
Responsiveness （响应模式）	被动适配 （按规则执行）	主动创新 （自主决策）
Risk （风险特征）	低风险 （稳定可控）	高风险 （不确定性高）

1.2.2　如何快速提升 AI 生成内容质量?

即使掌握了以上总结的提示语撰写技巧，有时 AI 给你的响应也可能不尽如人意。就像"开盲盒"一样，"完美"的回答总是小概率事件。那么，如何提升"盲盒中奖"的概率？我们需要尽可能细致、具象、清晰地告诉 AI，我们想要的"答案"是什么样的。而当语言没有办法穷尽"理想答案"的所有特征时，最简单的办法无疑是提供给 AI 参考样例。举个例子，你给 AI 投喂 100 篇高考满分作文，让它帮你去总结满分作文的特征，远远比你自己直接告诉 AI 满分作文需要具备哪些特征要详尽得多。这也就是说，只有提示语描述任务往往是不够的，给 AI "投喂"语料是生成高质量内容的必要环节。

请记住：AI 可能不擅长 0 到 1 的原生创新，但非常善于 1 到 100 的模仿创新。给 AI 模板、范例、参考样例，是将模糊的提示语准确化的过程，也是将 RTGO 框架中的 T（任务）、G（目标）和 O（要求）具象化的过程。

具体来看，在使用 AI 完成文本生成任务时，可将任务划分为如图 1–6 所示的四个步骤。

　• 投喂参考样例　　• 解析样例特征　　• 模仿生成　　　• 整合调优
生成什么样的文案？具备哪些特征？针对什么生成类似文案？篇幅、用词、结构有什么要求？

图 1–6　AI 文本生成四大步骤

第一步　投喂参考样例

为了提升 AI 生成内容的准确性和质量，我们首先需要为其提供优质的参考样例。这些样例应涵盖我们期望 AI 学习和模仿的各个方面，无论是语言风格、内容结构还是观点表达。例如，如果我们希望 AI 生成科技类的文章，那么就应该提供一系列科技领域的优秀文章作为参考。参考样例既可以是开源网络中的相关资料，也可以是企业内部的参考模板。

第二步　解析样例特征

投喂样例之后，我们需要引导 AI 去深入解析这些样例的特征（图 1-7）。这包括但不限于文章的结构布局、语言风格、用词习惯以及逻辑推理方式等。通过这一过程，AI 能够更清晰地理解我们所期望的输出标准，进而在后续生成内容时更加贴近这些标准。

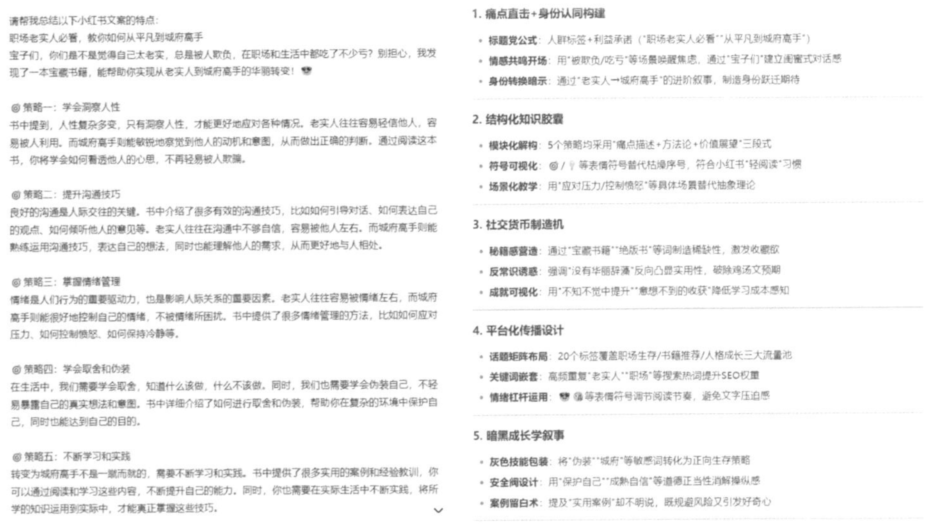

图 1-7　参考样例特征解析（示例应用为 DeepSeek）

第三步　模仿生成

在 AI 充分解析了参考样例的特征之后，下一步便是尝试模仿这些特征进行内容生成（图 1-8）。这时，AI 会结合之前学习的知识和解析出的样例特征，来创作出新的内容。这一过程需要反复迭代和优化，以确保生成的内容逐渐接近我们设定的标准。

请你参考以上总结出来的小红书爆文特点，帮我以"拒绝职场内卷"生成一篇小红书爆款文案

图 1-8　模仿型生成

第四步　整合调优

最后一步是对 AI 生成的内容进行整合和调优。包括对其语言风格（口语化、书面化……），用词特征（活泼、专业……），结构体例（公文、书信……），篇幅长短（500 字……），呈现形式（表格、Markdown、列表……）等不同方面的调整。通过不断的迭代和优化，我们可以逐步提升 AI 生成内容的质量和准确性，使其更加符合我们的期望和需求。

在编写提示语的过程中，如果我们没有思路或者不知如何下手，找参考样例是最简单粗暴同时也最有效的一种方法。而在"投喂"参考样例的过程中，我们可以选择一个或者多个样例，可以是同类样例也可以是差异化样例。AI 除了可以直接分析和借鉴指定的样例，也可以帮助我们对比不同的样例之间的差异，找出最适合我们当下任务场景的样例模板，这也让 AI 生成的文本内容充满了更多可能性和创造性。

1.2.3　如何巧用 AI 智能体简化交互流程？

对于一些复杂的职场应用场景，AI 很难"一问即答"，通常需要拆分任务流程，逐层递进地引导 AI 一步步完成任务。这就对用户的系统性思考能力、专业知识积累、实操经验储备提出了更高的要求。对于"小白"用户而言，在不具备相关技能知识储备的情况下，可以尝试使用各大 AI 平台上的智能体来帮助我们解决问题。

AI 智能体，也被称为 Agent，是以 AI 为核心能力支撑的应用工具。其调用了生成式 AI 的基础能力，结合了开发者的专业知识和经验储备，实现了对 AI 能力的整合与封装。调用 AI 智能体，可以帮助我们快速完成相关任务，而不需要自己去撰写复杂的提示语。以国内 AI 产品文心一言为例，其智能体广场（图 1–9）集合了众多细分领域应用，覆盖办公提效、多模态内容理解生成、专业信息查询等许多实用场景，用户只需给出简单指令，即可实现 PPT 生成、音视频提取、思维导图制作等多场景多模态条件下的需求，解锁"指令即服务"的便捷体验。

智能体广场

办公提效

AI绘画提示词生成器
能够根据简单的画面描述，自动生成具体的高质量AI绘画提示词。

动画制作助手
豆姜是动画制作的全能小助手，从技术到创意，提供全方位指导。

CSS转换器
好的，我们已经给智能体取了一个响亮的名字："CSS转换器"。接下来，让我们为它设计一个头像吧！你希望……

PPT助手
百度文库AI助手，助你一键生成精美PPT。支持对生成的PPT进行AI二次编辑、手动编辑、格式转换及导出等。

E言易图
基于Apache Echarts为您提供数据洞察和图表制作，目前支持柱状图、折线图、饼图、雷达图、散点图、漏……

AI词云图生成器
词云图生成助手，可以根据用户的指令生成对应的词云图片。

图 1–9　文心一言智能体广场

用户在智能体广场一键启动所需的 AI 智能体，即可解锁丰富使用场景，在对话和创作功能之外叠加更多 AI 技能。如图 1–10 所示，选择对应智能体便可进入对话界面。

如图 1–11 所示，在打开"AI 词云图生成器"智能体后，便可参考其提示语示例，直接让 AI 帮忙生成对应词云图。AI 智能体一方面让文本类 AI 具备了更多模态功能，另一方面也简化了 AI 应用流程，很大程度上降低了用户的使用门槛。

你好，我是AI词云图生成器

词云图生成助手，可以根据用户的指令生成对应的词云图片。

以过年吃什么来生成词云

请根据以下内容为我生成词云：曲曲折折的荷塘上……

将南京著名景点生成云词

把2024年中国法定节假日名称生成云词

图 1-10　AI 智能体调用界面（以文心一言为例）

请根据以下内容为我生成词云：曲曲折折的荷塘上面，弥望的是田田的叶子。叶子出水很高，像亭亭的舞女的裙。层层的叶子中间，零星地点缀些白花，有袅娜地开着的，有羞涩地打着朵儿的；正如一粒粒的明珠，又如碧天里的星星，又如刚出浴的美人。微风过处，送来缕缕清香，仿佛远处高楼上渺茫的歌声似的。这时候叶子与花也有一丝的颤动，像闪电般，霎时传过荷塘的那边去了。叶子本是肩并肩密密地挨着，这便宛然有了一道凝碧的波痕。叶子底下是脉脉的流水，遮住了，不能见一些颜色；而叶子却更见风致了。

使用: 词云生成

好的，根据您的需求，我为您生成了一个词云图片。

图 1-11　AI 智能体使用示例

此外，ChatGPT 平台上的 GPT、Coze 平台上的 Bot，都是典型的智能体应用（图 1-12）。AI 智能体的构建，能帮助我们将繁琐的指令流程"一键封装"，让 AI 引导用户一步一步梳理自己的思路，完成人机协作。在本章的第四节内容中，会详细介绍 AI 智能体的构建。

当然，除了自己构建 AI 智能体，图 1-12 所示的应用市场中也有丰富的选择。举个例子，如果我们想使用 ChatGPT 去写作一个视频脚本，但是不知道该如何下指令，也不知道如何梳理 RTGO 中的相关要素，这时候可以去 GPT 应用市场去搜索已经构建好的 AI 智能体。

图 1-12　ChatGPT（上）和 Coze（下）AI 智能体应用市场

　　如图 1-13 所示，点击"开始聊天"，你就可以进入和该 AI 智能体的对话框中。相比于通用生成式 AI，智能体除了响应你的需求，还能不断引导你进行细化思考，给你更多的选择与可能性，通过反复确认用户意图不断完善生成内容。同时，AI 智能体还能调用平台外的功能（如制作视频、查询文献、搜索社交媒体信息等）去弥补 AI 自身的不足，是一种具备全栈能力的集成式应用。

图 1–13　GPT 应用示例（从脚本生成到视频生成）

⑴.₃ 基础应用

在掌握了基本操作技巧后，我们就可以开始进入具体的职场应用场景了。由于 AI 工具应用具有典型的"门槛低，上限高"的特点，基础应用入手相对容易，但要进行专业化、精细化应用仍需投入大量时间和精力，因此我们将分为"基础应用"和"进阶应用"两部分内容，结合职场常见需求对相关 AI 工具的使用进行介绍。

1.3.1　AI 如何自动生成 PPT ？

目前市面上已经有许多可以自动生成 PPT 的 AI 工具，如 Gamma、Canva、Kimi、TomeAI、WPS AI、MindShow、讯飞智文等。这些工具均提供了丰富的功能和模板，可实现从大纲生成、内容润色、自动排版到设计优化等功能的一站式生成服务。其基本应用步骤一般包括以下四步：

1. 用户输入主题：用户首先需要提供 PPT 的主题或者具体的内容。可以是一个简单的标题、关键词，也可以是一段详细的描述，抑或是一个完整的大纲。输入完成后选择需要生成的页数（常见 AI 工具一次最多支持生成 30 张左右的内容）。

2. AI 生成大纲：AI 系统会对用户输入的主题或内容进行分析，理解其语义和上下文，并根据这些信息自动生成 PPT 的大纲和每一页的内容要点。

3. 模板选择与应用：AI 系统通常提供多种 PPT 模板供用户选择，用户可以根据自己的喜好和需求选择合适的模板。一旦选定模板，AI 会自动将生成的内容填充到模板中，形成完整的 PPT 页面。

4. 编辑与调整：在 AI 自动生成 PPT 后，用户还可以根据需要进行编辑和调整，包括修改文案、更换配图、调整布局等操作。如果对单一页面的内容和布局不满意，还可让 AI 重新生成单页内容。

需要注意的是，在使用 AI 生成 PPT 时，应注意保护个人隐私和商业机密，避免将敏感信息泄露给第三方平台。针对 AI 生成的内容，尤其是事实性信息，也有必要进行核查和校验，需要避免 AI 幻觉生成虚假内容。

考虑到 AI 工具的安全性和使用门槛（包括网络条件），本节以 WPS AI 为例，介绍自动生成 PPT 的具体操作。

第一步　下载安装 WPS 软件

首先你需要下载安装 WPS AI 版软件，并申请获取 AI 功能权限，如图 1–14 所示。申请成功后，WPS 办公软件的功能栏里会增加 "WPS AI" 的功能选项。

图 1–14　WPS AI 功能入口

第二步　输入内容主题

使用 WPS 新建一个幻灯片文件，在功能菜单栏中选择 "WPS AI"，可通过两种模式生成 PPT：其一为输入主题自动生成内容（AI 生成 PPT），其二为根据既有文档生成内容（文档生成 PPT）。以 AI 生成 PPT 为例（图 1-15），第一步需要输入幻灯片的主题内容，可以是一个关键词或者一段简单的描述，也可以直接给出你想要的大纲框架。

图 1-15　WPS AI 生成 PPT 的两种模式

第三步 大纲内容调整

输入主题后，AI 会根据主题自动生成大纲内容，包括封面标题、章节标题、每页标题、每页具体内容，如图 1-16 所示。针对 AI 生成的大纲内容，我们可以自己进行调整，包括对标题和文字内容的增删编辑，以及对层级结构的调整（如新增章节或者将章节标题调为页面标题等）。大纲内容中的页面篇幅决定了 AI 生成的 PPT 篇幅。

图 1-16　AI 生成大纲调整

第四步　选择模板

　　大纲内容确认无误后，便可选择合适的 PPT 模板（图 1–17）。点击"创建幻灯片"，AI 会针对选定模板自动填充大纲内容。

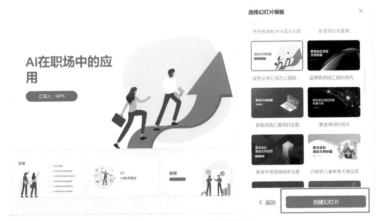

图 1–17　PPT 模板选择

第五步　PPT 生成与修改

　　一般而言，AI 生成完整 PPT 的时间在 1 分钟内，当其逐页完成 PPT 制作和美化后，我们还可以针对每一页内容再次进行调整和优化。如图 1–18 所示，选择指定页面，可对该页面的布局、配色、风格等进行细化调整。通过对页面内容和排版布局的逐页调整，提升 PPT 的整体质量。

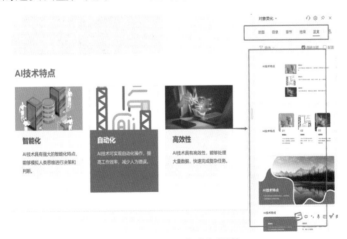

图 1–18　PPT 生成与调整

使用 AI 生成 PPT，一方面可以帮助我们快速建立针对某个主题内容的框架，从全局视角构建对该主题的认知；另一方面可以极大地压缩 PPT 排版设计的时间，一键生成模式可以将我们从烦琐的排版工作中解放出来，从而将更多时间用到内容打磨和质量提升上。当然，AI 生成内容免不了"模板化""套路化"，组合应用多种 AI 工具，可以帮助我们提升内容质量。如在 WPS AI 生成大纲内容不尽如人意的情况下，我们可以先使用 DeepSeek、ChatGPT 等工具去完善内容大纲（Markdown 格式）（图 1–19），然后将 Markdown 格式大纲交给智能排版工具去进行排版和美化（表 1–4）。集众多 AI 工具之长，最大化发挥其效用。此外，目前 WPS 上线了"灵犀 AI"功能，也支持调用 DeepSeek-R1 和联网搜索功能来辅助生成 PPT 大纲。

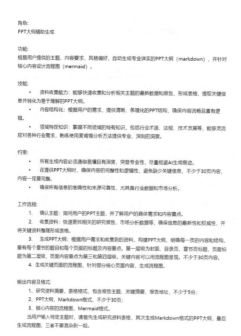

图 1–19　DeepSeek 生成 PPT 大纲示例

表 1–4　AI 生成 PPT 工具示例

工具名称	主要特点
比格 AIPPT	• 一键生成内容大纲并完成设计制作 • 支持在线编辑 • 提供多种模板和素材选择 • 支持导入已有 PPT

续表

工具名称	主要特点
轻竹 AIPPT	• 支持主题输入、文档上传、网址生成 • 提供多种生成方式 • 丰富的模板库 • 适合新手用户
Kimi PPT 助手	• 一键生成 PPT • 支持智能内容填充 • 支持模板切换
美间 AI PPT	• 一键生成 PPT • 支持智能配图 • 支持文本优化
文多多 AIPPT	• 支持主题或大纲输入 • 快速生成 PPT
ChatPPT	• 一键生成完整 PPT • 支持在线生成 • 提供插件使用 • 支持模板分享
AIPPT	• 支持主题或大纲输入 • 快速生成 PPT
笔灵 PPT	• 一键生成 PPT • 支持智能内容优化
讯飞智文	• 支持主题或长文本输入 • 支持在线编辑 • 支持美化和导出
iSlide PPT	• 生成 PPT 大纲 • 支持智能内容填充 • 支持模板应用
美图 AI PPT	• 支持自然语言生成 • 提供多种风格和场景选择
Boardmix AI PPT	• 支持"一句话生成 PPT" • 支持文档提炼生成 • 支持多人协作
MindShow	• 支持大纲文字输入 • 自动生成 PPT 页面

续表

工具名称	主要特点
MotionGo	• 一键生成 PPT 动画 • 适合专业动画效果需求
彩漩	• 支持主题输入和文本导入 • 支持智能配图 • 支持团队协作

1.3.2 如何用 AI 一键生成会议记录？

AI 生成会议记录可以分成两种场景：其一，线上会议，通过会议录制自动生成纪要；其二，线下会议，基于录音文件生成会议纪要。

我们先来看第一种应用场景，以腾讯会议为例，具体操作如下：

第一步 启动会议，开启录制转写功能

进入腾讯会议后，点击"录制"功能键的下拉菜单（图 1–20），勾选"同时开启录制转写"。这样在我们开启会议录制后，会议语音内容会同步被转写成文字。

开启转写功能后，便可启动"云录制"（图 1–20）。注意：云录制空间有限（免费用户是 2G 空间），需保障空间足够才能开启云录制，如空间不够需要在云录制历史记录中删除既往录制视频。

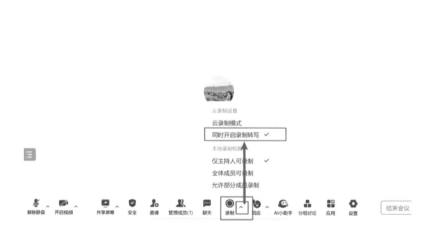

图 1-20　腾讯会议开启云录制及转写功能

[第二步]　会议结束后，进入云录制空间

　　会议结束之后，腾讯会议会自动生成录制视频，并存储在云空间。之后稍作等待便可在腾讯会议软件主界面中点击"录制"，进入到录制文件列表。在该界面可以对历史录制的会议视频进行分享、删除、重命名等操作。选择我们需要制作会议记录的视频，点击视频，即可跳转到图 1-21 所示页面中。

[第三步]　会议转写文档查询和纪要生成

　　进入会议录制详情页后（图 1-21），可点击会议的关键时间节点进行跳转，可以查看同时转写出来的文本内容。点击文本内容，可以跳转到对应的视频片段。在转写文本中，应用对会议发言人进行了区分，如果有记录错误的地方，可以点击右上角的"修改（小铅笔）"按钮修改和调整文字内容。

　　点击"纪要"按钮（图 1-21），可以查看 AI 自动生成的"会议摘要"和"会议待办"。对于不准确或者遗漏的内容，也可以点击右上角的"修改"按钮进行调整。腾讯会议自动生成的会议纪要会识别出会议讨论的几个关键议题，并分别总结各个议题所讨论的核心内容，在此基础上提炼会议的待办事情，这在很大程度上减少了人工提炼和整理会议信息的时间。

讨论了数据来源、抽样方法、指标选取依据等问题。向安玲提出需要补充分层随机抽样的方法，并在表格中加入常见指标及其含义。同时，章艾媛表示会询问蔡慧关于数据来源的问题。双方还讨论了模型、权重计算、⋯ 展开∨

智能总结由机器自动生成，仅供参考

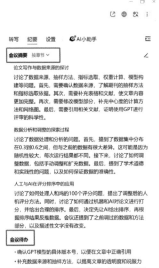

图 1–21　会议转写文本和纪要生成

如果认为腾讯会议自动生成的会议纪要在格式、篇幅、要点等内容上不符合要求，还可按照场景二中所介绍的第四步，采用 DeepSeek、文心一言或者 Kimi

等工具进行优化提炼。

场景二主要针对线下会议，需要提供会议录音文件，运用相关工具转换成文本并进行总结提炼。主要包括以下步骤：

第一步 准备录音文件，转成文字稿

注册登录通义听悟，如图 1–22 所示。通过录音软件记录会议内容，或者直接使用通义听悟进行实时记录和转写（需联网）。

图 1–22　通义听悟语音转文字界面

上传的录音文件要求如图 1–23 所示，支持多种格式和多个文件同时上传，选择音频相应的语种（包括中文、英语、日语、粤语和中英文自由说）。如有多人发言，可以选择"区分发言人"，软件会自动识别发言人角色并进行区分。

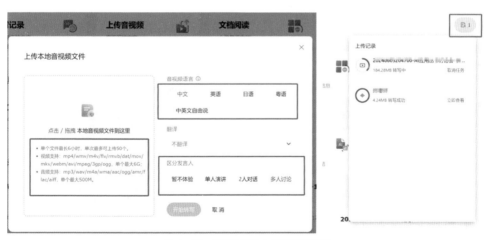

图 1–23　通义听悟上传音频设置

第二步　文字校准与角色区分

　　上传后，点击"开始转写"，软件会自动识别音频或视频中的对话内容，转写成文本格式，根据文件大小，转写时间在几秒到几分钟不等。在页面右上角点击"上传记录"可查询文件转写状态（图 1–23）。转写完成后点击"立即查看"，便可跳转到图 1–24 所示转写结果页面。

图 1–24　录音文件转写结果页面

　　通义听悟会自动区分发言人，用户需要先对发言人角色进行修改。如图 1–25 所示，点击发言人 1/2/3，可以自行修改其名称，再点击"全局"按钮，便可一键修改所有对应人名。

图 1–25　发言人名称全局修改

　　修改校准转写内容后，AI 会对会议内容概要、章节概览、角色发言、问答内容和 PPT 要点进行提炼。如图 1–26 所示，通义听悟会根据转写内容自动总结相关要点，帮助用户快速了解会议核心内容。

图 1-26　AI 内容提炼示例

第三步　转写内容导出

确保转写内容无明显错误后，则可在通义听悟页面右上角选择导出。软件支持导出原文、导读、PPT、笔记等不同部分内容。此处我们选择导出"原文"，格式为 docx 文档，默认显示发言人和时间戳（图 1-27）。

图 1-27　转写内容导出

如果导入文件是音频，导出文档中会包括每个人发言人的发言原文和时间戳；如果导入文件是视频，导出的文件中会包含对应画面截图，如图 1-28 所示。

图 1-28　视频内容转写文档示例

第四步　既定格式会议纪要生成

导出会议转写文本后，将其复制到 DeepSeek、文心一言或者 Kimi 等应用中进行进一步提炼。由于目前各大 AIGC 产品可处理的文本上限长度不一，根据转写文字的篇幅，可选择合适的工具进行提炼。截至 2024 年 6 月，文心一言 4.0 版可处理 2.8 万字左右（开启长文本使用体验后可处理近百万字），ChatGPT 可处理 2 万余字，主打长文本处理的 Kimi 免费版可处理 20 万字（付费版可处理百万字）。

考虑到部分会议内容较长，存在超长文本处理需求，此处以 Kimi 为例，介绍会议记录生成的操作。Kimi 使用入口如图 1-29 所示，注册登录后可免费使用。

图 1-29　Kimi 平台界面示例

当我们有会议记录的格式要求时，可以直接根据 RTGO 的提示语框架，将我们会议纪要格式要求和要点告知 AI，让其根据录音文本来进行纪要撰写。提示语参考如下：

R- 角色：你是一名具备丰富经验的职场小秘书。

T- 任务：现在请你根据我提供的录音文件内容进行会议纪要撰写。录音文件内容如下：[转写文本]。

G- 目标：会议纪要能清晰地展示会议中探讨的重点内容、待办事项等。

O- 要求：按照以下格式（模板内容）撰写，1000 字以内。[提供模板或者既定框架]

当然，如果你没有既定的格式要求，也可以让 AI 帮你梳理会议纪要的框架，如图 1-30 所示。

图 1-30 AI 梳理会议纪要框架

确定框架后，可以让 AI 根据转写文件进行会议纪要撰写，如图 1-31 所示。如有更细节的要求，可根据上文所给出的 RTGO 框架对提示语进行优化和补充。

图 1-31 AI 撰写会议纪要示例

1.3.3　如何利用 AI 一分钟读完一本书？

AI 除了在生成文本上具备很强的能力，在理解和处理大规模信息时优势更为凸显。在大规模预训练模型的支撑下，目前有大量 AI 工具提供了丰富的文档信息处理功能。除了可通过 DeepSeek、ChatGPT、Claude、Kimi 这类对话交互平台进行文档信息阅读外，诸如 ChatPDF、星火科研助手等在线文档阅读工具也在被大量使用，极大地提升了职场中的资料处理效率。

以星火科研助手为例，该工具是中国科学院文献情报中心和科大讯飞联合开发的一款科研工具，在职场应用中，也可用于处理职场中的大量资料。平台入口如图 1–32 所示，当前可使用手机号免费注册使用。具体使用步骤如下：

图 1–32　星火科研助手平台入口页面

第一步　上传文件资料

登录进入平台后，选择"论文研读"，点击"上传文献"，如图 1–33 所示。目前平台仅支持上传 PDF 文件，大小限制在 10M 以内，支持包括中文、英文、日文等常见语种的处理。

图 1–33　资料上传入口

第二步 打开文件，进行交互对话

　　上传完成后，点击该文件，可进入到图 1-34 所示界面。在该界面可针对文件内容进行交互问答，还可以对重点内容做标记、记笔记。利用 AI，可快速对图书资料的核心观点、重点内容、叙述脉络等进行汇总查询。

图 1-34　文件阅读页面与交互问答示例

　　不同于通用 AI 工具，文献"速读"工具所回答内容会给出引用标记。如图 1-35 所示，可以点击跳转到文件中对应的位置，查看其参考来源，这在很大程度上规避了 AI 幻觉的问题，保证了内容准确性。

> more equitable world.
>
> **Sustainable AI Commercialization: A Global Call for Action**
>
> Market forces alone will not create the AI future we envision, where technology uplifts every corner of our world. To champion a Humanity-First Impact, we must get to work, making the world we want for ourselves and future generations.
>
> Our path forward is threefold. Firstly, we must transform our business ethos with the Humanity-First Impact canvas. Put humanity first as the paramount "customer." Redefine "value" as more than profits to encompass purpose, people, and our planet. Let the UN SDGs be our compass, guiding ventures to balance profit with purpose.
>
> Secondly, the 4P impact funding framework emerges as the engine for innovation. A collaborative effort where public, private, philanthropic, and public market forces unite, investing in AI endeavors that put humanity first.
>
> Finally, we advocate for UN SDG 18: AI for Humanity, setting a global standard for Humanity-First Impact. With SDG 18 as a guide, we

图 1-35　文本引用和标记

1.3.4　如何使用 AI 进行精准信息搜索？

搜索引擎可以说是职场人士获取信息、收集资料、进行行业调研等工作的必备工具之一，但限于其技术特性、信息筛选机制和商业化模式，搜索引擎也存在诸多问题，如信息过载、广告干扰、搜索结果不精准等，很大程度上影响了信息检索效率。在这个信息爆炸的时代，如何从海量数据中筛选出真正有价值的信息，如何利用 AI 工具"又快又准"地定位到有效信息，成为职场提效的关键。

目前也有越来越多的企业和研究机构开始探索将人工智能技术应用于信息检索领域。通过自然语言处理、机器学习等技术，AI 工具能够更精准地理解用户的搜索意图，并智能地过滤和排序搜索结果，从而大幅提高信息检索的准确性和效率。除了百度、谷歌、必应、360 等传统搜索引擎开始采用 AI 赋能，提升信息检索质量，也有一批纯 AI 驱动的搜索工具开始涌现，如 Perplexity、DevvAi、天工 AI、秘塔 AI 搜索等，应用界面如表 1–5 所示。

表 1–5　常见 AI 搜索工具功能界面示例

续表

　　使用 AI 驱动的搜索工具，一方面可以帮助我们更快地定位到问题"答案"，另一方面也可以帮我们更深入地获取到专业信息来源。下面我们以国内的天工 AI 搜索和秘塔 AI 搜索为例，首先对比下天工 AI 搜索在获取信息上和传统搜索引擎的差异。举个简单例子，比如"苹果公司的 Vision Pro 什么时候在中国上市"，针对这个问题传统搜索引擎会提供一系列相关网页，但需要人工一一浏览来获取"答案"；但 AI 搜索引擎会根据检索到的网页信息，直接给出可能的"答案"，如图 1-36 所示。

　　当然，AI 给出的答案也不一定百分百正确，因为它是根据网络信源总结的答案，但由于其参考信源的准确性很难考证，所以对 AI 回应的内容我们仍需保持谨慎，并对其参考信源进行规范性引用。

图 1-36　天工 AI 检索信息示例

除了快速检索信息，AI 搜索引擎还会对检索到的信息进行要点提炼和结构梳理，并提供脑图和关联信息列表，方便用户获取该议题的全貌信息（图 1-37）。

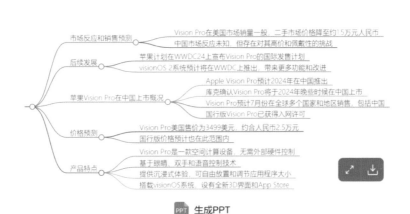

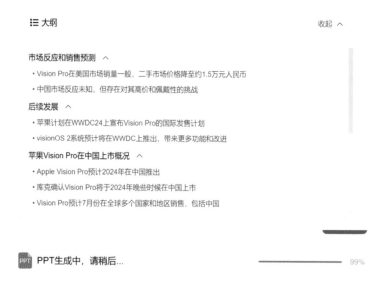

相关事件   收起 ∧

事件名称	事件时间	事件描述
Apple Vision Pro在美国上市 ⑩	2024-02-02	Apple Vision Pro是苹果公司推出的首款头戴式"空间计算"显示设备，于2024年2月2日在美国上市
Apple Vision Pro预计在中国上市 ②	2024-06-07	苹果首款头显设备Vision Pro预计于2024年6月在中国市场上市

相关组织   收起 ∧

组织名称	组织概述
苹果公司 ①	一家美国的跨国科技公司，设计和销售消费电子产品、计算机软件和在线服务的公司

相关人物   收起 ∧

人物	人物概述
蒂姆·库克 ①	苹果公司现任首席执行官，负责领导公司的日常运营
郭明錤 ②	知名的苹果分析师，经常提供有关苹果公司产品预测和分析的信息

图 1–37　天工 AI 基于检索结果整理脑图和关联信息

除此之外，AI 还可基于检索内容生成 PPT 大纲，甚至制作成简单的 PPT，方便后续演示和汇报（图 1–38），这对于职场汇报而言非常便捷和实用。

≔ 大纲   收起 ∧

市场反应和销售预测 ∧
- Vision Pro在美国市场销量一般，二手市场价格降至约1.5万元人民币
- 中国市场反应未知，但存在对其高价和佩戴性的挑战

后续发展 ∧
- 苹果计划在WWDC24上宣布Vision Pro的国际发售计划
- visionOS 2系统预计将在WWDC上推出，带来更多功能和改进

苹果Vision Pro在中国上市概况 ∧
- Apple Vision Pro预计2024年在中国推出
- 库克确认Vision Pro将于2024年晚些时候在中国上市
- Vision Pro预计7月份在全球多个国家和地区销售，包括中国

PPT生成中，请稍后...   99%

图 1–38　AI 基于检索信息生成 PPT 大纲和内容

除了快速应急性的资料查询和整理，使用专业领域的 AI 搜索工具还可以帮助我们为撰写研究报告提效增速。以秘塔 AI 搜索（已接入 DeepSeek-R1）为例，其收录了大量学术研究论文和专业领域资料，当网页信息不足以满足我们的检索需求时，垂类 AI 搜索工具可以增强我们学术论文写作的专业性和深度。举个例子，我们想要探讨 AI 幻觉的产生及其影响，需要一些学术资料支撑，我们可以使用秘塔 AI 搜索，将默认的"全网"模式切换成"学术"模式，如图 1-39 所示，选择"深入"或者"研究"（更加深入），便可获取专业性检索答案。

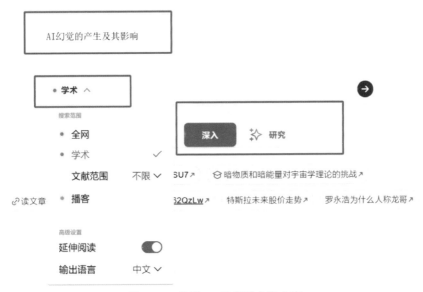

图 1-39　秘塔 AI 搜索学术性内容

如图 1-40 所示，AI 首先会对用户问题进行分析和意图推理，进一步提炼关

图 1-40　秘塔 AI 学术搜索和信息生成

键词，并在学术论文平台（如知网）进行检索，再将检索出的论文结果进行信息整理和提炼，形成最终答案。

相比于网络内容检索，学术检索 AI 输出的结果更为专业、更具深度，并且每个观点都会标注出相应学术论文的引用。针对检索出的结果，AI 还会提炼出大纲，帮助用户更加系统地梳理问题的全貌（图 1–41）。

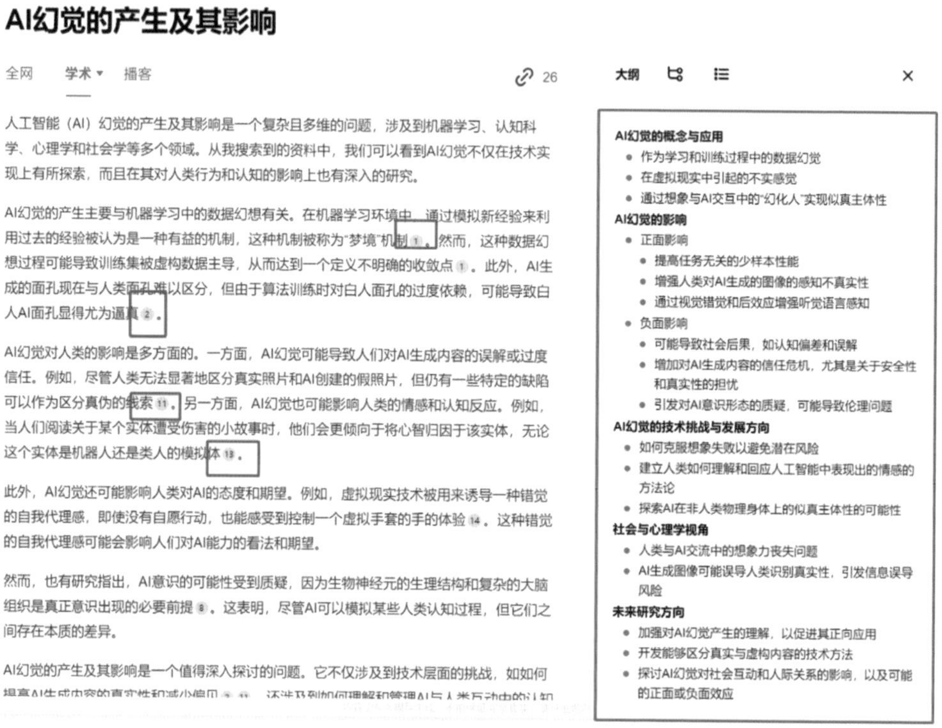

图 1–41　秘塔 AI 搜索结果汇总

对于议题中涉及的相关事件、人物、机构，AI 会自动识别提炼，参考的每一篇文献，都可以在页面中进行查询和跳转（图 1–42），这在很大程度上提升了 AI 生成结果的准确性和专业性。尤其是当我们需要对自己的某些观点进行"学术背书"和专业论证时，学术检索 AI 可以快速帮我们找到"权威"信源进行佐证。

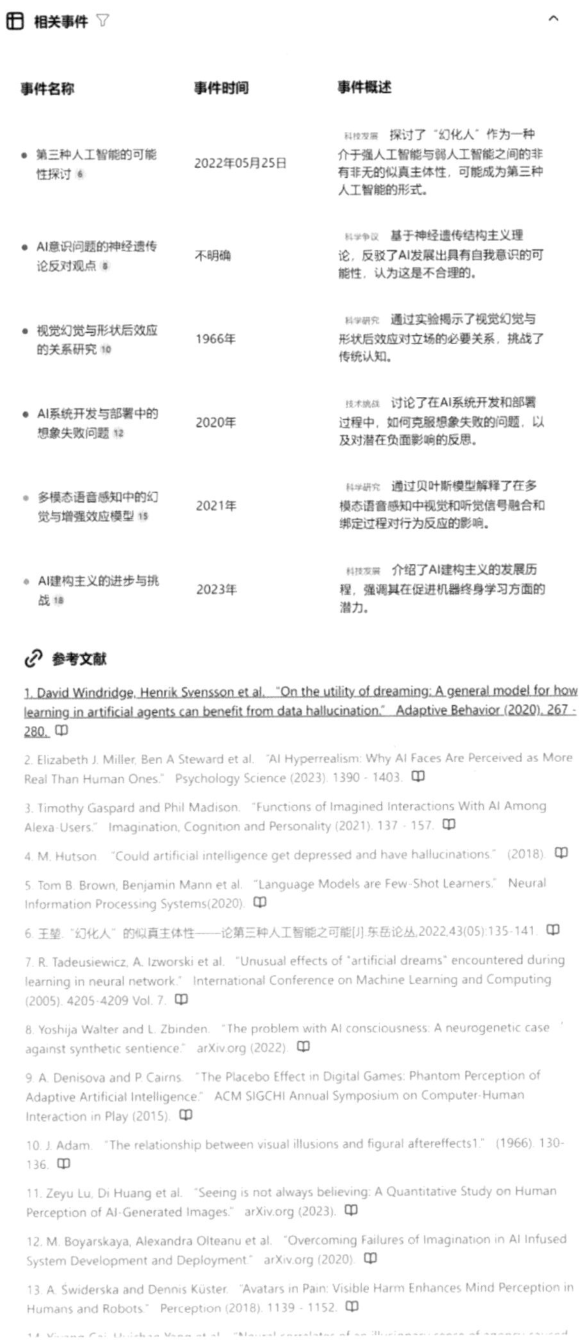

⊞ 相关事件 ▽   ∧

事件名称	事件时间	事件概述
● 第三种人工智能的可能性探讨 ⑥	2022年05月25日	科技发展　探讨了"幻化人"作为一种介于强人工智能与弱人工智能之间的非有非无的似真主体性，可能成为第三种人工智能的形式。
● AI意识问题的神经遗传论反对观点 ⑧	不明确	科学争议　基于神经遗传结构主义理论，反驳了AI发展出具有自我意识的可能性，认为这是不合理的。
● 视觉幻觉与形状后效应的关系研究 ⑩	1966年	科学研究　通过实验揭示了视觉幻觉与形状后效应对立场的必要关系，挑战了传统认知。
● AI系统开发与部署中的想象失败问题 ⑫	2020年	技术挑战　讨论了在AI系统开发和部署过程中，如何克服想象失败的问题，以及对潜在负面影响的反思。
● 多模态语音感知中的幻觉与增强效应模型 ⑬	2021年	科学研究　通过贝叶斯模型解释了在多模态语音感知中视觉和听觉信号融合和绑定过程对行为反应的影响。
● AI建构主义的进步与挑战 ⑩	2023年	科技发展　介绍了AI建构主义的发展历程，强调其在促进机器终身学习方面的潜力。

🔗 参考文献

1. David Windridge, Henrik Svensson et al. "On the utility of dreaming: A general model for how learning in artificial agents can benefit from data hallucination." Adaptive Behavior (2020), 267 - 280. ⌺

2. Elizabeth J. Miller, Ben A Steward et al. "AI Hyperrealism: Why AI Faces Are Perceived as More Real Than Human Ones." Psychology Science (2023), 1390 - 1403. ⌺

3. Timothy Gaspard and Phil Madison. "Functions of Imagined Interactions With AI Among Alexa-Users." Imagination, Cognition and Personality (2021), 137 - 157. ⌺

4. M. Hutson. "Could artificial intelligence get depressed and have hallucinations." (2018). ⌺

5. Tom B. Brown, Benjamin Mann et al. "Language Models are Few-Shot Learners." Neural Information Processing Systems(2020). ⌺

6. 王堃. "幻化人"的似真主体性——论第三种人工智能之可能[J].东岳论丛,2022,43(05):135-141. ⌺

7. R. Tadeusiewicz, A. Izworski et al. "Unusual effects of 'artificial dreams' encountered during learning in neural network." International Conference on Machine Learning and Computing (2005). 4205-4209 Vol. 7. ⌺

8. Yoshija Walter and L. Zbinden. "The problem with AI consciousness: A neurogenetic case against synthetic sentience." arXiv.org (2022). ⌺

9. A. Denisova and P. Cairns. "The Placebo Effect in Digital Games: Phantom Perception of Adaptive Artificial Intelligence." ACM SIGCHI Annual Symposium on Computer-Human Interaction in Play (2015). ⌺

10. J. Adam. "The relationship between visual illusions and figural aftereffects1." (1966). 130-136. ⌺

11. Zeyu Lu, Di Huang et al. "Seeing is not always believing: A Quantitative Study on Human Perception of AI-Generated Images." arXiv.org (2023). ⌺

12. M. Boyarskaya, Alexandra Olteanu et al. "Overcoming Failures of Imagination in AI Infused System Development and Deployment." arXiv.org (2020). ⌺

13. A. Świderska and Dennis Küster. "Avatars in Pain: Visible Harm Enhances Mind Perception in Humans and Robots." Perception (2018). 1139 - 1152. ⌺

图 1-42　秘塔 AI 搜索关联事件信息和参考文献

1.3.5 如何用 AI 学习职场沟通话术?

AI 除了可以辅助我们从事大量职场文案类工作,还可以帮助我们精进职场沟通技巧,帮助我们应对各类职场交互情境。作为学习了大量网络语料的智能助手,AI 已习得常见的沟通技巧,对于职场新人而言,可通过和 AI 交互提升自己的职场沟通技能。这里将常见职场沟通场景梳理了出来,如表 1-6 所示。

表 1-6 AI 辅助职场沟通场景示例

使用场景	赋能作用	示例说明
提供沟通模板与示例	AI 给出不同场景的沟通模板	向上级汇报工作、与同事协作、与客户沟通等场景的模板
	分析职场沟通案例,提炼话术	提供有效的话术和表达方式供用户参考和学习
智能分析与反馈	用户通过模拟对话练习获得反馈	AI 识别用户在沟通中的优点和不足,并给出改进建议
情感与语气指导	AI 教导用户恰当运用情感和语气	指导用户在特定情境下使用积极语言或委婉语气表达不同意见
文化敏感性与礼仪指导	AI 帮助用户了解不同文化背景下的职场沟通习惯和礼仪	对跨国企业或多元文化团队中的成员尤为重要
非言语沟通指导	AI 提供关于肢体语言、面部表情和声音语调的建议	这些非言语信号在职场沟通中扮演重要角色
实时翻译与多语种支持	AI 提供实时翻译功能,克服语言障碍	根据用户和沟通对象的语言偏好,给出相应的话术建议

一方面,对于不知道如何回应的场景,我们可以让 AI 帮助我们提供更多参考话术;另一方面,针对已有回应内容,可以使用 AI 帮助挖掘出问题,并给出优化建议。尤其是在跨文化沟通中,由于不同国家和地区之间存在着文化差异和语言障碍,很容易出现误解、冲突甚至冒犯对方的情况。AI 技术在这个领域可以发挥重要作用,帮助我们"避坑",确保沟通的顺畅和有效。

假设一家中国公司需要与一家美国公司进行商务谈判,双方团队将通过网络会议进行交流,AI 可以从以下几方面全程介入:

1. 文化敏感性指导

在会议开始之前,AI 可以为中国团队提供美国商务文化和礼仪的介绍,帮助中国团队了解美国人的沟通习惯、商务礼仪和谈判风格。AI 可以提醒中国团队注意避免使用可能导致误解或冒犯的言辞,例如某些在美国文化中可能被视为过于直接或侵犯隐私的问题。

2. 实时翻译与语言支持

在会议进行的过程中，AI 可以提供实时翻译功能，确保双方能够准确理解对方的表述。这不仅仅是简单的文字转换，还包括对语境和文化背景的考量。AI 可以优化语言表述，使之更符合目标文化的表达习惯。例如，将中文中常见的委婉表达转换为美国人更习惯的直接表述方式。

3. 非言语沟通指导

AI 可以提供关于肢体语言、面部表情等非言语沟通方式的指导。例如，在美国文化中，直视对方的眼睛通常被视为真诚和尊重的表现，而在某些亚洲文化中，这可能被视为挑衅。通过 AI 的指导，中国团队可以更好地理解并适应美国团队的非言语沟通习惯，从而促进顺畅沟通。

4. 后续分析与反馈

会议结束后，AI 可以对整个交流过程进行分析，指出可能存在的误解或冲突点，并提供改进建议。这种反馈机制可以帮助团队在未来的跨文化沟通中更加自如。

除此之外，在日常的职场沟通场景中，AI 也能帮助我们积累各种话术技巧，以下简单列举了几个场景及 AI 回应话术（此处为文心一言 4.0 回应内容）。

场景一　向上级汇报工作

上级问："这个项目的进度似乎比预期慢了，是什么原因？"

AI 回应话术：

"领导，确实如您所说，项目的进度目前比原计划稍慢了一些。这主要是由于我们在实施过程中遇到了一些技术难题，部分功能开发进度受阻。我们已经组织了技术团队进行攻关，并制定了详细的解决方案，预计在接下来的两周内能够迎头赶上，确保项目按期完成。同时，我们也会加强项目管理和团队协作，避免类似情况再次发生。"

场景二　与同事协作

同事说："我觉得你的方案有问题，这样实施下去可能会出问题。"

AI 回应话术：

"非常感谢你的反馈，我很重视你的意见。能否具体指出你觉得方案中存在哪些问题？我们可以一起讨论并找出最佳的解决方案。我相信通过大家的共同努力，我们一定能够完善方案，确保项目顺利进行。"

场景三 与客户沟通

客户抱怨："你们的产品质量太差了，我用了没多久就出现问题了。"

AI 回应话术：

"非常抱歉给您带来了不便，我们深感遗憾。请您详细描述一下产品出现的具体问题，我们会尽快安排技术人员前往检查并解决问题。同时，我们也会对此次事件进行深入调查，确保类似问题不再发生。为了表达我们的歉意，我们愿意为您提供相应的补偿措施。再次感谢您的反馈和理解。"

当然，AI 回应的话术并不一定符合每个人的风格和个性，只能作为我们职场中应对特定场景的参考。在实际操作过程中。我们还可以给 AI 更丰富的人设，让他根据特定风格特征来进行沟通和回应。如图 1-43 所示，我们按照 RTGO 的模板框架给 AI（以 DeepSeek 为例）设定好角色、场景和任务，其可以给出更具差异性和个性化的回应内容，帮助不同性格的用户找到适合自己的沟通方式。

你是一名幽默风趣、热情饱满且具备丰富销售经验的客户经理，现在有客户投诉你们的产品性价比不如其他产品，你需要回应他，让他打消怨气并且继续支持你们的产品，请给出几种不同的回应话术

⊗ 已深度思考（用时9秒） ⌄

以下是几种不同风格的幽默风趣回应话术，既能化解客户情绪，又能强化产品价值：

---【反差自嘲式】---

"张哥，您这火眼金睛真把我给看穿了！说实话，我上个月拿自家产品和竞品对比，差点把咖啡泼老板身上问'咱定价是不是多打了个零'，'后来才知道，我们工程师把成本全砸在看不见的地方——就像您家装修埋墙里的水管，现在多花三成预算，未来十年不用半夜救水灾，这账您说划不划算？"

---【武侠比喻式】---

"李姐，您这招'价比三家掌'打得漂亮！但您可发现了？咱们产品内功深厚——就像少林扫地僧，表面朴实无华，内藏七十二绝技。上次王总公司系统崩溃，咱售后团队御剑飞行两小时到场救援，这隐藏技能，可不是价格标签写得下的呀！"

---【未来剧透式】---

"陈总，跟您说个行业机密——下季度我们要升级智能预警系统，现有客户免费享受！就像买手机送终身系统更新，您现在入手的可是'未来版'。隔壁王老板上个月退了竞品回来找我们，说'还是你们的产品会进化'，您品品这性价比？"

---【生活场景式】---

"赵阿姨，您知道为什么小区健身器材总比公园的贵吗？公园器材坏了顶多硌手，咱们设备每颗螺丝都连着24小时智能监护系统。就像您家智能电饭煲，贵的那部分钱，都在帮您防着'饭烧焦/娃被锁/老人摔倒'这些生活剧本呢！"

---【情感共鸣式】---

"老周啊，跟您合作五年，我最怕的不是比价，是比心！您看这次维修记录——上次暴雨停电，我们工程师打着手电给您抢修设备，这种'半夜三点为你拼命'的性价比，财务报表可印不出来。您说这份交情，值不值个终身VIP？"

图 1-43　AI 生成沟通话术示例

1.3.6　如何用 AI 快速优化简历？

简历作为职场人士求职的"敲门砖"，可以说是增加就业机会的关键抓手，一份精心制作的简历往往能够为求职者赢得更多的关注和机会。对于还没有简历的在校生和求职者而言，目前有大量 AI 简历制作工具可以帮助快速生成各类简历（如表 1–7 所示）。这些工具不仅提供了丰富的模板，还能根据用户的回答智能生成个性化的简历内容，并针对相关模块内容进行优化，大大降低了简历制作的难度。

表 1–7　AI 简历制作工具

工具名称	主要特点
YOO 简历	单条优化；浏览器扩展功能；智能分析；一键翻译
TopJianli	优化效果好；操作简单；功能专注
超级简历	经历库；高频词汇；写贴士
ElegantResume	无须注册，登录即可使用；数据本地保存；类似 Word 编辑体验；集成 ChatGPT

以 TopJianli 为例，登录进入平台后，可选择合适的简历模板（图 1–44）。选择模板后，可选择创建新简历，或者对已有简历进行优化。

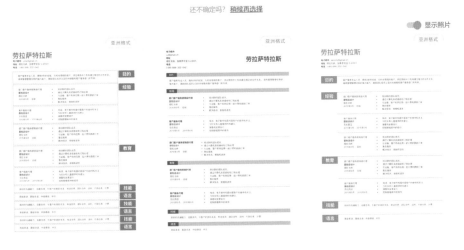

图 1–44　简历模板选择

要创建新简历按照系统提示去输入相关信息即可，软件会自动将信息填充到模板中。职业经历、个人优势等内容，可以选择 AI 生成，也可以人工填写后选择 AI 润色优化（图 1-45）。在没有思路时，可先让 AI 生成部分内容，再结合个人实际经验进行自主修改。

图 1-45　简历创建及 AI 内容优化

除了使用专业的简历制作工具创建简历，对于已经有简历的求职者，AI 工具则提供了另一种可能性——对既有简历进行优化和提升。这些 AI 工具能够智能分析简历的内容、结构和语言，提出针对性的改进建议。例如，AI 可以结合具体岗位，帮助求职者更加精准地描述自己的工作经验和技能，突出个人优势和成就，使简历更具吸引力和说服力。

以 DeepSeek 为例，使用该应用优化简历主要包括以下步骤（其他 AI 工具操作同理）。

[第一步]　登录平台，上传简历文档

首先需要注册登录 DeepSeek，登录后点击对话框中的"回形针"图标，上传简历文件。

图 1–46　DeepSeek 功能界面

[第二步]　根据简历信息进行职业匹配

如果没有确定的求职岗位，上传简历之后可以让 AI 根据简历信息匹配合适的岗位，提示语模板如下：

　　请根据以下简历信息，帮我梳理 10 个我有资格申请的岗位。请用表格形式整理每个岗位的适配度（0~100%）和我的优势，从高到低排序。

AI 会根据既有简历信息，梳理我们的个人优势，并帮助匹配相关岗位作为我们后续求职方向的参考，示例如下（图 1–47）。

2024向安玲简介.docx
DOCX 20.89KB

请根据以下简历信息，帮我梳理10个我有资格申请的岗位。请用表格形式整理每个岗位的适配度（0~100%）和我的优势，从高到低排序。

❄ 已深度思考（用时 29 秒）∨

以下是基于您的简历信息梳理的10个有资格申请的职业岗位，按适配度从高到低排序：

岗位名称	适配度	优势
高校教授/研究员	100%	现任讲师，博士学历；主持多项国家级科研项目（如国家自然科学基金）；发表30余篇CSSCI/核心期刊论文；丰富的教学经验（本科生、研究生课程）。
数据科学家（媒体/舆情方向）	95%	精通媒介大数据挖掘与分析；主持开发"舆情推演大数据系统"等平台；参与国家计算机网络应急项目；发表多篇舆情与AIGC相关论文。
智能媒体技术研发工程师	90%	研究方向为AIGC与媒介大数据；设计"新闻推荐算法测评系统"等专利产品；具备Python编程与数据分析能力（课程涉及媒介编程技术）。
AI产品经理	85%	主持研发多项AI相关平台（如"AI新闻写作"课程）；拥有9项发明专利（涉及舆情预测、热点分析等）；熟悉AI技术落地与产学合作。
行业分析师（新媒体/大数据）	85%	发布《元宇宙发展报告》《虚拟数字人测评报告》等10余项行业报告；清博指数体系创始开发者（WCI/BCI等）；擅长数据驱动的行业趋势分析。
国际传播策略顾问	80%	研究国际传播与对外政策议题；论文涉及"国家战略议题对外传播"涉华虚假信息框架）；参与外媒形象建构研究（如《泰晤士报》分析）。
政策研究员（网络信息安全）	80%	参与国家社科重大项目"网络信息传播安全管控策略"；主持国家计算机网络应急项目（风险态势感知系统设计）；发表算法伦理与风险规制论文。
企业研究院负责人	75%	曾任清博智能研究院执行副院长；管理团队研发多款大数据平台（如意识形态分析系统）；具备横向项目管理与内参撰写经验。
专利分析师/知识产权顾问	70%	拥有9项发明专利（涵盖舆情分析、产业链推演等领域）；熟悉技术成果转化流程；参与产学合作项目（如教育部AI课程建设）。
科技期刊编辑	65%	发表大量CSSCI论文（独作/一作）；熟悉学术出版流程（如《图书情报知识》《现代传播》）；参与学术著作编写（如《传媒蓝皮书》）。

注：适配度基于您的学术背景、项目经验、技术能力与岗位核心需求的匹配程度综合评估。

图 1-47 AI 根据简历匹配岗位信息

第三步 既有简历优化建议生成

如果已有求职方向，也可以将该目标岗位的要求复制给 AI，让 AI 根据该岗位的需求和简历信息进行一一匹配，由此对简历内容的不足之处进行总结，进一步给出修改意见，示例如下（图 1-48）：

你是一名招聘数据分析师的 HR，请根据以下的岗位需求，对上传的简历进行打分，并结合岗位需求对简历提出具体的修改建议。岗位需求如下：

主要职责：

1. 数据收集和整理：从各种数据源（包括数据库、日志、第三方 API 等）收集、清洗和整理数据，确保数据的准确性和完整性。

2. 数据分析：使用统计方法和数据分析工具对数据进行深入分析，识别趋势、模式和异常情况。

3. 数据可视化：设计和创建数据可视化报告和仪表盘，清晰传达分析结果和洞察。

4. 业务支持：与业务部门合作，理解业务需求并提供数据支持，帮助优化业务流程和提升绩效。

5. 数据建模：建立和维护预测模型，支持业务预测和决策。

任职要求：

教育背景：统计学、计算机科学、数学、经济学等相关专业本科及以上学历。

工作经验：2 年以上数据分析或相关领域的工作经验。

技术技能：

1. 精通 SQL，能够从数据库中提取和操作数据。

2. 熟练使用 Python 或 R 语言进行数据分析和建模。

3. 熟悉数据可视化工具，如 Tableau、Power BI 等。

4. 了解机器学习算法和统计分析方法，有相关项目经验者优先。

图 1-48　AI 针对简历内容提出修改建议

第四步 针对性修改和优化

在得到 AI 的修改建议后，便可进一步对简历内容进行调整。如图 1–49 所示，让 AI 根据修改建议一一调整的同时，可以让其帮忙删除不符合岗位要求的内容，以提升简历的针对性。

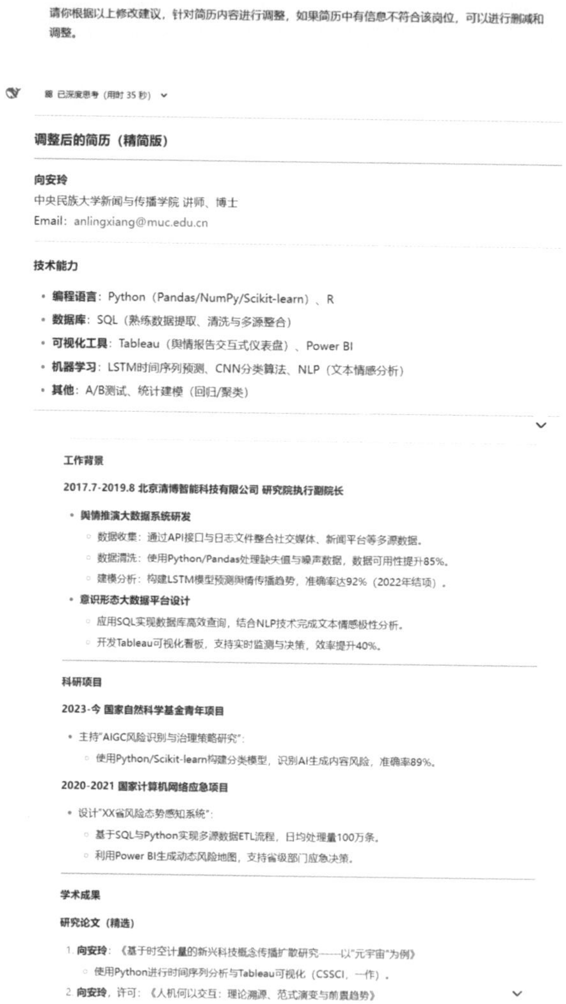
请你根据以上修改建议，针对简历内容进行调整，如果简历中有信息不符合该岗位，可以进行删减和调整。

已深度思考（用时 35 秒）

调整后的简历（精简版）

向安玲
中央民族大学新闻与传播学院 讲师、博士
Email：anlingxiang@muc.edu.cn

技术能力

- **编程语言**：Python（Pandas/NumPy/Scikit-learn）、R
- **数据库**：SQL（熟练数据提取、清洗与多源整合）
- **可视化工具**：Tableau（舆情报告交互式仪表盘）、Power BI
- **机器学习**：LSTM时间序列预测、CNN分类算法、NLP（文本情感分析）
- **其他**：A/B测试、统计建模（回归/聚类）

工作背景

2017.7-2019.8 北京清博智能科技有限公司 研究院执行副院长

- **舆情推演大数据系统研发**
  - 数据收集：通过API接口与日志文件整合社交媒体、新闻平台等多源数据。
  - 数据清洗：使用Python/Pandas处理缺失值与噪声数据，数据可用性提升85%。
  - 建模分析：构建LSTM模型预测舆情传播趋势，准确率达92%（2022年结项）。
- **意识形态大数据平台设计**
  - 应用SQL实现数据库高效查询，结合NLP技术完成文本情感极性分析。
  - 开发Tableau可视化看板，支持实时监测与决策，效率提升40%。

科研项目

2023-今 国家自然科学基金青年项目

- 主持"AIGC风险识别与治理策略研究"：
  - 使用Python/Scikit-learn构建分类模型，识别AI生成内容风险，准确率89%。

2020-2021 国家计算机网络应急项目

- 设计"XX省风险态势感知系统"：
  - 基于SQL与Python实现多源数据ETL流程，日均处理量100万条。
  - 利用Power BI生成动态风险地图，支持省级部门应急决策。

学术成果

研究论文（精选）

1. **向安玲**：《基于时空计量的新兴科技概念传播扩散研究——以"元宇宙"为例》
   - 使用Python进行时间序列分析与Tableau可视化（CSSCI，一作）。
2. **向安玲**，许可：《人机何以交互：理论溯源、范式演变与前瞻趋势》

图 1–49　AI 调整简历内容

第五步 AI 辅助亮点挖掘和润色

经过以上步骤，已经初步得到了一份优化后的简历。当然，我们还可以利用

AI 对简历内容做进一步的润色，提升简历竞争力，包括根据目标岗位需求增加"关键词"信息、量化指标凸显、语言文字润色、结构梳理等。如图 1-50 所示，可以输入指令让 AI 结合岗位需求，对简历内容进行亮点挖掘，让简历的重点更突出。

> 你是一名简历内容优化师，请你：1. 结合岗位需求和技能要求，总结出该岗位相关关键词，并增加到简历内容中的适当位置；2. 在工作经验中增加可量化的数据指标，并且通过创新性表达对相关工作经验进行总结提炼，使得该简历亮点更突出、更具备竞争力。

图 1-50　AI 辅助简历润色和亮点凸显

第六步　简历内容核对与替换

　　虽然 AI 可以帮助增强简历内容的丰富度和针对性，但也不免会"创造"一些内容和数据指标，需要我们结合实际状况进行调整和替换。AI 相当于一名简历制作和优化师，给我们提供丰富的参考模板，为我们进行一对一指导，但最终如果我们想要从竞争中脱颖而出还需要依靠自身的实力，人机协同、以人为本仍是当下 AI 职场应用的核心。

1.3.7　如何用 AI 撰写新媒体文案？

　　新媒体作为企业品宣和对外沟通的窗口，其文案已成为品牌形象和企业"人设"的重要载体。尤其是在碎片化、高频率的传播环境下，对于新媒体运营而言，学会使用 AI 辅助新媒体文案撰写尤为重要。AI 技术的应用，不仅大大提高了文案撰写的效率，还能让文案内容更具针对性和吸引力。借助 AI，运营可以迅速分析出不同平台受众的喜好、需求和阅读习惯，从而生成更符合目标群体口味的文案。这种个性化的内容创作方式，无疑比传统的"一刀切"式宣传更加有效。同时，AI 还能在海量信息中筛选出热点话题和流行趋势，使新媒体文案更加贴近时事，增强与受众的互动和共鸣。这不仅有助于提升企业的知名度和影响力，还能加深消费者对品牌的认同感和认可度。

使用 AI 辅助新媒体文案撰写，其核心操作方法可参考本书 1.2.1 和 1.2.2 节所介绍的 RTGO 提示语框架和四步分析法。我们以小红书平台为例，采用 AI 辅助小红书文案撰写可以简化为以下三个步骤。

第一步 参考样例提供与分析

为了更精准地控制文案的结构和风格，需要先收集小红书平台上同主题的参考范文，用 AI 分析范文的特征，再按照既定框架去切换主题生成内容。如图 1-51 所示，可以让 AI 对范文的内容、结构、用词等方面进行特点总结。

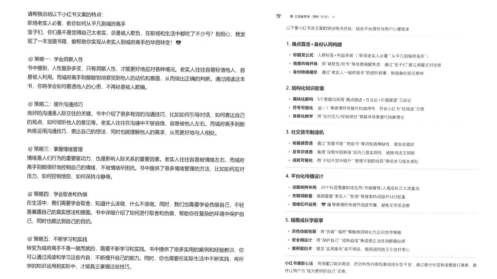

图 1-51　AI 辅助分析小红书范文特征

第二步 AI 模仿性生成文案

在总结出范文的特征后，可以选择性地摘取相关要点，作为生成式任务的指令要求，输入给 AI 生成后续内容。如图 1–52 所示，指定主题并给定范文的内容框架和写作特点，可以让 AI 模仿创作范文"同款"内容。当然，这种方式容易存在一定 AI 幻觉和架空内容，对于需要事实依据的客观信息生成而言并不适用。如果涉及事实性信息，需要在提示语中给出明确的背景信息和论据，并强制要求 AI 基于提供的素材进行创作。

图 1–52　AI 模仿性生成文案

第三步　内容优化与调整

在模仿性生成的基础上，可进一步让 AI 根据特定要求进行调整与修改。包括文字风格、篇幅长短、段落结构、表情符号使用等，让文案更贴合预期目标。

此外，在采用 AI 辅助小红书文案生成过程中，可参考 RTGO "角色—任务—目标—要求"的提示语框架，针对既定主题、受众对象、内容要点、关键词等核心内容进行梳理，并整合到提示语框架中。在实际操作过程中，可分别针对新媒体文案的标题和正文内容，分别采用 AI 辅助生成，示例如下：

小红书标题提示词示例（图 1–53）：

你是一位专业的小红书爆款标题专家，精通"二极管"标题法，善于使用标题吸引人熟悉爆款关键词，并且了解小红书平台的标题特性。你现在需要为一篇关于【主题】的帖子创建一个吸引人的标题。这个帖子的目标受众是【目标受众】，你希望这个标题能够引起用户的好奇心，让他们想要了解更多。你的帖子有一些独特的角度，这些角度包括：【内容要点 1】，【内容要点 2】，【内容要点 3】。请考虑使用这些关键词或短语：【希望使用的关键词】。现在，请利用你的专业知识和创新思维，为我生成【数量】个吸引人的小红书标题。

你是一名专业的小红书爆款标题专家，你精通二极管标题法，善于使用标题吸引人的特点，熟悉爆款关键词，并且了解小红书平台的标题特性。你现在需要为一篇关于"AI写作工作坊开课"的帖子创建一个吸引人的标题。这个帖子的目标受众是高校学生，你希望这个标题能够引起用户的好奇心，让他们想要了解更多。你的帖子有一些独特的角度，这些角度包括：零基础入门、小白专供、轻松学习。请考虑使用这些关键词或短语：AGI、躺赢、内卷。现在，请利用你的专业知识和创新思维，为我生成5个吸引人的小红书标题。

🐋 ⊠ 已深度思考（用时 16 秒） ⌄

以下是5个运用二级管冲突法设计的小红书爆款标题，结合高校学生心理痛点与平台热门关键词：

① 《文科生狂喜！零基础用AGI暴打论文内卷，我靠AI代写神器躺赢全班了》
🔥 冲突点：文科VS理科｜内卷VS躺赢｜神器VS传统写作

② 《985卷王不会说的秘密：小白专供AI写作黑科技，3小时水完期末作业亲测有效》
🏆 冲突点：学霸VS学渣｜3小时VS通宵｜黑科技VS传统学习

③ 《辅导员不会教你的骚操作：用ChatGPT反向CPU导师，小白轻松拿A+的作业心机》
⚡ 冲突点：师生博弈｜心机VS真诚｜轻松VS费力

④ 《00后整顿学术圈！AGI写作工作坊泄露：手把手教你把文献综述卷成SCI格式》
⚫ 冲突点：整顿职场｜泄露机密｜小白进阶SCI

⑤ 《别卷图书馆了！高校隐藏款AI摸鱼大法，手残党1天速成学术裁缝（内附咒语模板）》
◎ 冲突点：苦读VS摸鱼｜手残党VS学术裁缝｜咒语（prompt）玄学感

标题设计心法：

1. **身份反转陷阱**："用"文科生/手残党"等弱势标签+逆袭结果制造反差
2. **禁忌感营造**："泄露/不会说/骚操作"等词汇激发好奇心
3. **学术黑话萌化**：将"文献综述/SCI"等专业术语与"水作业/裁缝"等学生梗结合
4. **时代情绪绑定**：借"00后整顿/反向CPU"等热门梗强化传播力
5. **动作指令暗示**："手把手/内附/亲测"等词降低决策成本

建议在封面图使用「Before-After」对比形式：左侧堆积如山的参考书+熬夜学生，右侧整洁的AI操作界面+悠闲咖啡，强化视觉冲击力

图 1–53 AI 辅助小红书标题生成

小红书文案提示词示例（图 1–54）：

作为精通小红书文案创作的运营者，你的目标是为【主题】撰写一段引起兴趣的文案，以吸引【目标受众】的注意。为确保文案具有吸引力和相关性，请紧扣以下三个内容要点进行创作：【内容要点 1】，【内容要点 2】，【内容要点 3】。同时，考虑到文案效果，包含这些关键词或短语：【希望使用的关键词】。现在，请根据你对平台特性的认识，编写一段简洁明了且能够引发用户好奇心的文案。

作为精通小红书文案创作的AI工具，你的目标是为【AI工作坊开课啦】撰写一段引起兴趣的文案，以吸引【大学生群体】的注意。为确保文案具有吸引力和相关性，请紧扣以下三个内容要点进行创作：1)【零门槛学习】，2)【个人技能拓展】，3)【免费加入】。同时，考虑到文案效果，包含这些关键词或短语：【内卷】【躺平】【AGI】。现在，请根据你对平台特性的认识，编写一段简洁、明了且能够引发用户好奇心的文案。

图 1-54　AI 辅助小红书正文生成

当然，AI 辅助新媒体文案撰写并非万能的。虽然它可以提供数据支持和创意灵感，但真正的创意和情感表达仍需人类来完成。尤需注意的是，AI 生成 ≠ "洗稿"工具，爆款规律 ≠ 流水线作业。创作者自身的思想高度和深度决定了 AIGC 的质量边界，而误用、滥用 AI 只会增加内容传播风险，尤其是在各大新媒体平台生态治理趋严的背景下，有边界感地应用 AI 是每一个创作者均需谨记的规则。

1.3.8　如何让 AI 实现"高级翻译"?

相比于传统翻译工具，生成式 AI 产品的涌现让当下的应用翻译结果变得更具"人情味儿"。在直译的基础上，AI 可以根据不同风格、不同受众、不同篇幅等要求，"转译"出"千人千面"的内容。在保障原文内容准确性的基础上，让翻译出来的文字更加贴合目标受众的阅读习惯和偏好。

AI 翻译工具的强大之处在于，它们不仅能进行语言的转换，更能让译文贴合不同文化的转换。通过深度学习和大数据分析，这些 AI 能够理解和模拟各种写作风格和语言习惯，从而生成既忠实于原文又符合目标语言文化背景的译文。此外，生成式 AI 还能根据用户的反馈进行持续优化和学习。这意味着，随着使用时间的增长，AI 的翻译质量和准确度会不断提高，更能满足用户的个性化需求。

具体操作而言，想要让 AI 成为一名"高翻"，主要包括以下三个步骤：

第一步 AI 辅助直译

首先使用 AI 翻译工具，对原文内容进行直接的、字面的翻译。这是翻译进一步的基础，确保原文的每一个词汇和句子都得到对应的译文。直译的结果可能会显得生硬或不自然，但这是为了保留原文的所有信息，为后续步骤提供完整的素材。示例如图 1-55 所示。

> 请针对以下英文书稿内容进行翻译，要求确保每个词汇和句子都有对应的译文，准确还原原文的内容和观点：
>
> In a world where the battle cry of startups is to 'move fast and break things,' the idea of 'sustainable' anything is counterintuitive. 'Sustainable AI' is almost unimaginable to those battling for ruthless AI race. The scientists, the entrepreneurs, and the investors are all engaged in arm-to-arm combat, a second-to-second contest to gain an edge over their competitors.
>
> Yet we have learned from the history of AI that the quest to build AI for humanity is a marathon, not a sprint. It may span decades and even transcend generations. It would require humanity to marshall all our expertise and resources, all our ingenuity and resilience, to mitigate the risks of AI.
>
> Even though it may challenge our moral imagination and strain our grit and resolve, we must not shy away from building Sustainable AI for Humanity. Just as those advocating for sustainable development in the fight against climate change like to point out that there is no Planet B', so too, there is no Plan B when it comes to the existential survival of humanity.

> 在一个初创企业的口号是"快速行动，不惧打破常规"的世界里，"可持续"这个概念似乎是违反直觉的。"可持续人工智能"对于那些在激烈的人工智能竞赛中奋斗的人来说，几乎是难以想象的。科学家、企业家和投资者都在进行激烈的竞争，分秒必争，以求在竞争对手中脱颖而出。
>
> 然而，我们从人工智能的历史中了解到，为人类构建人工智能的追求是一场马拉松，而不是短跑。这可能会持续数十年甚至跨越几代人。这将需要人类集中我们所有的专业知识和资源，以及我们所有的创造力和韧性，来降低人工智能的风险。
>
> 尽管这可能会挑战我们的道德想象力，并考验我们的勇气和决心，但我们不能回避为人类构建可持续人工智能的责任。就像那些在应对气候变化的斗争中倡导可持续发展的人喜欢指出的那样，"我们没有第二个地球"，同样，当涉及到人类的生存时，我们也没有备选计划。

图 1-55　AI 辅助英文内容直译

第二步 AI 辅助润色

在得到直译文本内容后，下一步便可对直译出来的内容进行润色。AI 会根据目标语言的习惯和文化背景，对直译的结果进行语法、句式和表达上的调整。例如，调整句子结构，使用更地道的词汇，或者增加必要的连接词和过渡语。这一步的目的是使译文更加流畅、自然，并符合目标语言的阅读习惯。AI 还会考虑文体和风格，确保译文在语气、情感和正式程度上与原文保持一致。示例如图 1–56 所示。

请你针对以下内容进行润色和优化，要求：1、语言更加流畅和通顺；2、符合中文读者的阅读习惯；3、增加适当的修辞手法，使得文字内容更有文采。

需润色内容如下：
在一个初创企业的口号是"快速行动，不惧打破常规"的世界里，"可持续"这个概念似乎是违反直觉的。"可持续人工智能"对于那些在激烈的人工智能竞赛中奋斗的人来说，几乎是难以想象的。科学家、企业家和投资者都在进行激烈的竞争，分秒必争，以求在竞争对手中脱颖而出。

然而，我们从人工智能的历史中了解到，为人类构建人工智能的追求是一场马拉松，而不是短跑。这可能会持续数十年甚至跨越几代人。这将需要人类集中我们所有的专业知识和资源，以及我们所有的创造力和韧性，来降低人工智能的风险。

尽管这可能会挑战我们的道德想象力，并考验我们的勇气和决心，但我们不能回避为人类构建可持续人工智能的责任。就像那些在应对气候变化的斗争中倡导可持续发展的人喜欢指出的那样，"我们没有第二个地球"，同样，当涉及到人类的生存时，我们也没有备选计划。

在初创企业高举"迅速行动，勇于破旧立新"的旗帜下，"可持续"一词似乎显得格格不入。"可持续人工智能"这一理念，对于那些在人工智能领域白热化的竞技场上奋力拼搏的勇士们而言，简直如天方夜谭。科研巨匠、商业翘楚、资本大鳄，他们在这场速度与激情的较量中各显神通，只为在激烈的竞争中独占鳌头。

不过，当我们翻开人工智能的史册，便会发现，为人类缔造智能伙伴的征途，更似一场考验耐力的马拉松，而非短暂的冲刺。这场征途，或许会绵延数十年，甚至跨越世代的传承。它需要我们汇聚全人类的智慧与资源，发挥无穷的创意与坚韧，共同抵御人工智能潜在的风险。

尽管这条道路或许会挑战我们的道德底线，考验我们的意志与勇气，但我们绝不能逃避构建可持续人工智能这一神圣使命。正如环保先驱在应对全球气候变化的征程中所强调的，"地球无可替代"，同理，在关乎人类未来存亡的关键时刻，我们亦无退路可选。

图 1–56 AI 辅助翻译内容润色

第三步 AI 辅助专业名词校准

在翻译过程中，特别是涉及专业领域时，准确使用专业名词至关重要，可使用 AI 协助识别并校准文中的专业人名、地名、机构名、学术概念等。这一步骤需要借助专门的术语库和行业知识库，确保每一个专业名词都被准确翻译。对于一些具有多重含义或在不同语境中有不同译法的名词，AI 会根据上下文进行智能判断，选择最合适的译法。示例如图 1–57 所示。

请列举以下内容中出现的专有用词和专业名词，对其进行解释，并给出对应的翻译结果：

A sustainable AI model puts humanity first. Humanity-First is no feel-good platitude, as it compels us to rethink how we go about designing, deploying, and using AI.

Sustainable AI embodies 3 missions. First, it is about governing AI to align with human values.

Sustainable AI is not just intelligent; it's wise, balancing innovation with responsibility and power with humanity. We infuse AI with the wisdom of balance by putting governance first.

Second, it is about the sustainability of AI itself in terms of technology, development, and applications where we can combine human desirability, technological feasibility, and business viability to weather cycles of AI boom and bust.

Third, it is about leveraging AI beyond profits and delivering on the greater good of our sustainability impact such as UN SDGs.

以下是对上述文本中出现的专有名词和专业术语的解释及翻译：

1. Sustainable AI: 可持续人工智能。指的是在设计和实施人工智能系统时，考虑到其长期可持续性，包括环境、社会和经济方面的影响。
2. Humanity-First: 人类优先。这是一种理念，强调在人工智能的设计、开发和应用过程中，应首先考虑人类的利益和需求。
3. governance: 治理。在这里指的是对人工智能的管理和监管，以确保其符合人类的价值观和道德标准。
4. human values: 人类价值观。指的是人类社会普遍认同的价值观念，如公正、公平、尊重等。
5. UN SDGs: 联合国可持续发展目标。这是一系列旨在指导全球发展政策的目标，包括减贫、消除饥饿、良好健康与福祉、优质教育等17个目标。
6. climate change: 气候变化。指的是由于人类活动或自然因素导致的全球或区域气候的长期变化。
7. social inequalities: 社会不平等。指的是在社会中，不同群体在财富、权力、机会等方面的差异。
8. technology-first model: 技术优先模型。这是一种以技术发展为主导的发展模式，可能忽视了技术对社会、环境等方面的影响。
9. profits above-all-else approach: 利润至上原则。这是一种以追求最大利润为首要目标的经营理念，可能忽视了企业的社会责任和长期可持续发展。
10. ethical deployment of AI: 人工智能的道德部署。指的是在部署人工智能系统时，应遵循道德规范，确保其对人类和社会的影响是积极和正面的。

通过以上解释和翻译，我们可以更好地理解文本中关于可持续人工智能和人类优先理念的阐述，以及这些理念在人工智能设计、开发和应用中的重要性。

图 1–57　AI 辅助专业名词识别与校准

对于企业来说，生成式 AI 翻译工具无疑大大提高了跨文化和跨语言的沟通效率。无论是国际商务交流、产品推广，还是跨国合作，AI 都能提供迅速且高质量的翻译服务，帮助企业更好地拓展国际市场。对于相关翻译人员而言，生成式 AI 翻译产品的出现，不仅提升了翻译的准确性和效率，还让翻译工作变得更加智能化。在未来，随着技术的不断进步，我们有理由期待更多创新的翻译解决方案，以更好地满足全球化和多元化的沟通需求。

1.4 进阶应用

AI 除了可以完成基本的文本生成、信息收集和资料整理工作，在数据分析、创意生成、辅助决策等专业场景中也能发挥强大的辅助作用。在进阶应用中，我们将介绍如何使用各种 AI 插件、AI 智能体和拓展功能来完成专业分析，帮助我们在职场中掌握更多专业化技能。

1.4.1　如何用 AI 分析产品口碑？

假设你是某企业产品部门负责人，需要了解用户对你们产品的态度和评价，为产品后期优化和推广提供决策参考。按照传统操作流程，你需要去收集大量网络口碑信息和评价内容，然后通过人工标注分析，了解用户的主要观点和情感态度。这种方法工作量大、时间周期长、成本较高，尤其是在用户观点洞察和情感态度挖掘上，涉及大批量数据的处理，这往往需要一定技术门槛和人工介入。AI 为此提供了全新的解决方案，借助先进的机器学习算法和自然语言处理技术，AI 能够智能地分析海量的用户评价数据，不仅大幅提高了处理效率，还提升了分析的客观性和准确性。

具体来看，使用 AI 进行产品口碑分析包括两种场景：其一，已经通过第三方工具（如问卷调查、数据采集、电商平台或社交媒体平台评论内容导出）获取到了用户的评价数据，使用 AI 辅助口碑分析；其二，在没有任何数据支撑的基础上，通过小样本采样去获取用户对该产品的口碑概况。在第一种场景中，具体操作包括以下三个步骤：

第一步　准备评价数据

在已有数据的情况下，首先需要把产品口碑数据"投喂"给 AI。但需要注意的是，由于 AI 产品交互窗口对输入文本长度（token）或上传文件大小有不同限制，这使得文本分析需要根据语料篇幅来选择适配的方法。token 长度是指 AI 产品单次能处理的最大字符数或单词数，这是由 AI 模型的设计和技术限制所决定的。如目前文心一言 4.0 能处理的最大字符量为 2.8 万字（开启长文本体验可处理近百万字），DeepSeek 的上下文长度最大可达 6.4 万 token（一个英文字符≈0.3 个 token；一个中文字符≈0.6 个 token）。因此如果要进行短篇幅文本处理，可以直接将语料在对话框中输入给 AI，让其一次性帮忙处理；而对于超出 token 限制的文本内容，则需要上传文档内容供 AI 分析。图 1–58 所示为从社交媒体平台上获取的网友针对文心一言 4.0 的评价数据，其中评价内容列可复制出来作为"投喂"给 AI 的语料。

第二步 投喂数据进行分析

图 1-58 为数千条（约 10 万字）对于文心一言 4.0 的网络评价内容，将之复制"投喂"给文心一言 4.0 进行分析，它就会自动开启长文本模式进行处理。如图 1-59 所示，在提示语中可明确要求 AI 针对每一条评论进行正负面情感判断，并分别梳理正面观点和负面观点的占比，给出典型示例。

图 1-58　用户评价数据示例

以下内容是用户针对文心一言4.0的网络评价文本，请针对相关评价内容，进行情感正负面标注，分别梳理正面和负面的观点，并给出每种观点的大概占比。

评价内容如下：

"在改病句、精进表达上，没有AIGC能和文心一言4.0一拼，这方面文心4.0绝对的强者　　"

"#文心大模型4.0在中文上已经超过了GPT4#要不是我用过我真信了，让我也点评的话我想说，我宁愿用chatgpt 3.5也不愿花59.9使用文心一言4.0[允悲]和gpt4的差距就更没法比较了，所以百度你要改变的是自己的产品，而不是别人的想法。　　"

"【#文心一言付费金不及预期遭大量投诉#】在黑猫投诉平台发现，百度旗下文心一言近期因4.0效果不及预期等，遭到不少用户投诉，消费者反映称，买了年度会员，结果发现跟普通版本没有什么区别，AI3.0或3.5不能解决的问题，4.0一样不能解决，并且客服电话非常难接通。查询文心一言官网发现，目前，文心一言4.0版本连续包月收费49.9元，连续包年5888.8元，有输入最长5000字、输出最长3200字、更好画面效果和一次生成多图等权益。作为国内首家开启收费的对话AI产品，李彦宏曾称文心一言在中文上的表现已经超越了ChatGPT4.0。对于网上对文心一言的负面评价，李彦宏表示并不生气，他希望在一年内能修改这些人的看法。他认为，拥有文心一言专业版使用权的人可以和ChatGPT 4.0进行比较。#315编假不留# [白鹿科技的微博视频](http://t.cn/A6YDRJ1G)　　"

"AI手机这个概念是不是伪命题先不说，毕竟各厂商都会有自己的不同看法，选择不同的技术路线也很正常，但用AI需要花线的这件事，AI手机概念的鼓吹者应该提前给消费者打好预防针。[AI功能要付费，这是手机厂商没告诉你的"秘密"](http://t.cn/A6YDkO5g) 前有OPPO宣布AII in All，主打AI的内部信息，2024年是AI手机元年，日前，文心4.0版本本连续月收49.9元的，连续包年首的AI将把手机的体验重新作为新机的卖点，2024年是AI手机元年，将停止传统"智能手机"新项目，全力投入明日设备AI For New Generations，紧接着又是苹果放弃造车计划、全面拥抱AI，无论你是否认可，AI手机概念无疑问都将成为2024年智能手机的绝对C位。不同于只是将旗下产品加了个"AI后缀"的玩法，三星的AI手机不止是说说而已。三星新款旗舰机型Galaxy S24系列主打的"Galaxy AI"，在海外获得了谷歌的Gemini nano大模型加持，在国内市场也接入了来自文心一言、WPS、美团秀

图 1-59　文心一言辅助口碑数据分析示例

第三步 AI 获取产品口碑

投喂数据后，AI 会快速对这些文本进行语言分析和情感识别，总结出不同观点所占比例及其具体指向。如图 1–60 所示，根据用户评价，AI 总结了文心一言 4.0 目前的正面和负面评价，并与主要竞品进行了对比分析。除了基本的情感分析，还可借助 AI 对产品的核心亮点、竞争优势等方面进行细化挖掘。

针对以上内容，对文心一言4.0的评价进行了情感正负面标注，并梳理了正面和负面的观点，以及每种观点的大概占比。请注意，由于文本量较大，以下统计是基于代表性评论和普遍趋势的概括。

正面观点

- **技术实力强**：文心一言4.0在中文理解和数学能力上表现出色，荣获多项评测第一，显示出强大的AI综合能力。
- **用户体验好**：用户反馈文心一言4.0在使用中提供了有价值的帮助，尤其在创意写作、逻辑推理、代码能力等方面表现优异。
- **安全性高**：在安全性评测中，文心一言4.0以高分领先，体现了对用户数据安全的重视。
- **应用广泛**：文心一言4.0不仅技术能力过硬，在应用落地上也领先，已应用于多个行业和场景，如公安交警数字人"永安君"等。

正面观点占比：约70%

负面观点

- **价格较高**：部分用户认为文心一言4.0的会员费用相对较高，与其提供的服务价值不匹配。
- **与GPT-4对比不足**：有用户指出文心一言4.0在某些方面与GPT-4相比仍有差距，尤其是在创意写作和代码能力上。
- **服务不稳定**：部分用户反映文心一言4.0在使用中出现服务不稳定、响应慢等问题。

负面观点占比：约30%

总结

整体来看，文心一言4.0在技术和应用方面获得了广泛认可，尤其在中文理解和数学能力上表现突出。然而，价格、与GPT-4的对比以及服务稳定性等问题也引发了一些负面评价。未来，百度可以进一步优化产品和服务，以满足更多用户的需求和期待。

图 1–60　AI 辅助产品口碑分析结果示例

AI 辅助数据分析能快速定位用户关注点、吐槽点、需求点，精准勾勒产品口碑图谱。在没有任何数据支撑的情况下（即上文所述第二种场景），我们也可以使用 AI 搜索工具，帮助我们快速总结产品的口碑现状，大致了解产品的优缺点所在。如图 1–61 所示，利用 1.3.4 节中所介绍的天工 AI 搜索，可一步完成针对特定产品的信息检索与口碑分析，从相关检索数据中快速提炼产品的优点和缺陷。当然，由于缺乏具体的数据支撑，AI 搜索工具无法获取具体的比例信息，但其相关结论仍可为产品后续优化提供方向性参考。

除了对产品口碑进行信息收集和概括，AI 检索工具也可对产品相关拓展信息进行补充。如图 1–62 所示，AI 会根据检索到的信息对产品的用户评价、竞争优势、市场表现、发展前景等内容进行要点提炼，方便我们对产品的市场概况进行全面洞察。

图 1-61　AI 检索数据汇总

图 1-62　AI 辅助拓展分析产品口碑

1.4.2 如何用 AI 分析产品销售数据？

除了进行产品口碑分析，AI 还可以对产品的销售数据进行量化分析，从而助力企业深入理解市场趋势、消费者行为以及产品性能对销售表现的影响。AI 的介入能够极大地提升数据分析的效率和准确性，帮助企业做出更加精准的市场预测和策略调整。

具体来看，目前 ChatGPT 和 Claude 在数据分析上表现相对更佳，可支持直接上传 Excel（xlsx 格式或 csv 格式）数据，通过对话式交互来处理数据，并直接生成可视化图表。具体步骤如下：

[第一步] 上传数据文件，分析数据结构

以 ChatGPT 为例，其支持从电脑端上传数据文件进行处理。如图 1–63 所示，将准备好的 Excel 数据文件（xlsx 格式）上传后，ChatGPT 会自动读取数据文件并分析数据结构。

图 1–63 数据文件准备及上传

在没有任何分析思路的情况下，可以先让 AI 帮助我们读取数据字段，并梳理基于该数据可分析的内容。如图 1-64 所示，AI 在读取文件后，可以帮我们解析每个数据字段的含义，并基于相关数据字段，帮助我们梳理该数据可分析的维度和需要解决的问题。

图 1-64　AI 辅助数据字段和分析维度梳理

第二步　AI 辅助数据分析

根据 AI 梳理出来的分析方向，可结合需求选择对应分析维度，让 AI 依次实现相关分析。如图 1-65 所示，AI 可根据上传的数据生成时间趋势图，对季节性变化、数据波动和增长态势进行分析。无须复杂的公式和代码，只需简单的自然语言交互，便可实现产品数据的多维分析。

除此之外，还可以借助 AI 实现客户群体分析、销售区域分析、促销活动分析、库存管理分析等多个维度的分析，帮助企业优化销售决策。

如图 1-66 所示，AI 可结合数据情况，对客户细分购买行为进行分析，挖掘不同细分市场的特征和需求，使公司能够更精准地制定营销策略和优化产品组合。根据示例数据，AI 帮助识别了消费者、公司和家庭办公这三个主要细分市场的销售特点和购买模式，从而为定向营销活动提供数据支持。同时，AI 还可以筛选出高价值客户，这对于资源优化和客户关系管理来说至关重要。通过识别总销售额和利润最高的客户，公司不仅可以优先分配销售和客服资源，还可以设计个性化的客户体验，提高客户满意度和认可度。例如，对于高销售额但低利润的客户，公司可以调整定价策略或优化成本结构，以提高利润率。

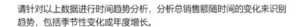

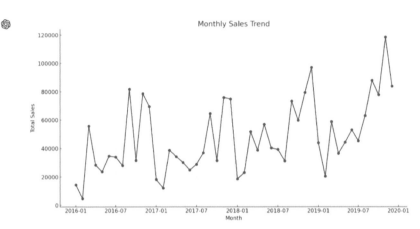

从图中可以看出，销售额随时间的变化表现出一定的季节性波动和年度增长趋势。以下是一些关键观察：

1. **季节性波动**：每年的特定月份（如3月和12月）通常会出现销售高峰，这可能与假日季节和促销活动有关。

2. **年度增长**：总体来看，随着时间的推移，销售额呈现逐年增长的趋势，这表明公司的市场扩张和业务增长是积极的。

3. **波动性**：某些月份销售额的波动较大，这需要进一步的分析来确定引起这些波动的具体因素，如市场活动、经济条件或竞争对手的影响。

这种类型的分析有助于企业管理层做出更有信息的决策，比如调整营销策略、优化库存管理以及预测未来的销售表现。如果需要对特定季节或特定事件的影响进行更深入的分析，可以进一步细化数据。

图 1–65   AI 辅助分析时间趋势

这种深度的数据分析和客户洞察不仅能够增强客户互动和满意度，还能提升公司的整体运营效率和市场竞争力，为公司带来了显著的商业价值。通过持续应用 AI 分析工具，公司能够不断调整和改进其市场策略，以应对快速变化的市场环境和消费者需求。

请针对以上数据进行客户行为分析，分析不同客户细分的购买行为，并
且识别高价值客户以及他们的购买习惯。

客户细分购买行为分析

这里分析了三个主要的客户细分：消费者（Consumer）、公司（Corporate）和家庭办公（Home Office）的购买行为：

1. **消费者**：这个细分拥有最高的总销售额（$1,161,401），表明它是最大的市场部分。平均每笔销售额为$223.73，这是三个细分中最低的，反映了消费者可能更倾向于小额购买。

2. **公司**：总销售额为$706,146，平均每笔销售额为$233.82。公司客户在数量上少于消费者，但每笔交易的平均销售额稍高。

3. **家庭办公**：尽管数量最少（1783笔销售），但平均每笔销售额最高，达到$240.97。这表明家庭办公的客户可能购买更高价值的商品。

所有细分的折扣水平相近，家庭办公细分的折扣稍低，可能表明价格敏感度较低。

高价值客户分析

下面是销售额最高的10位客户，他们对公司的总销售和利润贡献极大：

1. **Sean Miller** - 总销售额$25,043，尽管利润为负（-$1,980.74），这可能表明销售给他的商品折扣过高。

2. **Tamara Chand** - 总销售额$19,052，高利润（$8,981.32），表示高效益的客户关系。

3. **Raymond Buch** - 总销售额$15,117，也是一个高利润客户（$6,976.10）。

这些高价值客户的识别有助于制定针对性的营销策略和客户维护计划，尤其是针对那些即使销售额高但利润负面的客户，需要重新评估销售策略或谈判条件。

通过更深入分析这些客户的购买习惯，如购买频率、偏好的产品类别和响应于特定促销活动的情况，可以更有效地优化产品和服务提供。如果需要进一步的详细分析或有特定的分析需求，请告诉我！
[>.]

图 1-66 AI 辅助细分客户群体分析和高价值用户发现

[第三步] AI 辅助数据结论洞察和建议生成

除了进行多维度数据分析，AI 还可以结合数据分析结果进一步洞察其背后的原因，揭示潜在的业务驱动因素和市场动态。例如，通过模式识别和机器学习，AI 可以分析特定时间段内销售额增减背后的影响因素，如季节性变化、促销活动以及竞争对手的策略变动。此外，AI 能够通过客户反馈和在线行为数据，对客户满意度和市场接受度进行深入分析，帮助企业理解客户需求的变化和市场趋势。这种分析不仅限于量化数据，还包括对文本数据，如客户评论和社交媒体帖子的情感分析，有助于捕捉客户情绪和偏好的微妙变化。

如图 1-67 所示，在得出数据结论后，可让 AI 结合图 1-65 和图 1-66 中的数据结论，解释其背后可能存在的原因，并对企业后续销售策略提出优化建议。

请结合时间趋势分析和客户行为分析的数据结论，解释背后可能存
在的原因，并对企业后续销售策略提出优化建议

我将首先进行**时间趋势分析**（销售额和利润的年度、季度、月度趋势）和**客户行为分析**（客户细分、购买
习惯、客户贡献度等），然后结合分析结果，解释可能的原因，并提出优化建议。请稍等，我会进行数据
分析。

分析结果

1. 时间趋势分析

- **季度趋势**
  - 每年的**第四季度（Q4）销售额和利润最高**，尤其是 2018 年 Q4 销售额激增至 **236,098 美元**，利润 **38,139 美元**，远超其他季度。
  - 第一季度（Q1）通常是销售低谷，例如 2016 年 Q1 仅 **74,447 美元**，比 Q4 **少58%**。
- **年度趋势**
  - 整体销售额和利润逐年增长，2019 年 Q4 达到了**280,054 美元销售额**，利润也达到了年度最高点 **27,448 美元**。
  - 2018 年和 2019 年第四季度的销售增长显著，可能与节假日促销（如黑色星期五、圣诞节促销）相关。

2. 客户行为分析

- **不同客户类型的贡献**
  - **消费者（Consumer）**：贡献了 **116.14 万美元销售额，占比最高（约 47%）**，但利润率较低。
  - **企业客户（Corporate）**：贡献 **70.61 万美元销售额**，利润 **91,979 美元**，利润率较高。
  - **家庭办公（Home Office）**：贡献 **42.96 万美元销售额**，但利润率与企业客户相比稍低。
- **客户数量 vs. 贡献**

↓

可能的原因

1. **第四季度销售激增的原因**
   - 季节性促销活动（黑色星期五、圣诞节等）。
   - 假期购物需求增加。
   - 企业客户年底采购办公用品，提高了 Q4 订单量。

2. **企业客户利润率更高**
   - 他们的采购规模更大，单笔订单金额较高，物流成本相对降低。
   - 可能获得较少折扣，因此利润率较高。

3. **消费者订单多但利润率较低**
   - 促销折扣较大，降低了利润。
   - 订单金额较小，物流成本占比更高，影响盈利能力。

优化销售策略

1. 充分利用 Q4 旺季

☑ **提前规划促销活动**
- **针对消费者**：推出黑五、圣诞节等大规模促销，吸引冲动型购买。
- **针对企业客户**：年底采购季提供批量折扣，提高大额订单转化率。

☑ **优化库存管理**
- 预估第四季度畅销品库存，避免缺货或库存积压。

☑ **精准营销**
- 使用历史数据分析客户购物行为，制定个性化扩 ↓ 策略，提高转化率。

图 1-67　AI 辅助数据结论洞察和对策建议生成

AI 的这些高级功能可以帮助企业构建一个更为全面的市场和客户视图，从而使决策更具前瞻性。企业可以利用这些深度洞察来优化产品设计、调整市场策略和提升客户服务，最终实现业务增长和竞争优势的提升。在持续的市场竞争中，通过合理运用 AI 的深度学习和自适应能力，企业能够更灵活地应对市场变化，实现持续创新和改进。

1.4.3 如何用 AI 分析股市数据？

利用 AI 分析股市数据是一个复杂但极具潜力的领域，在一定程度上可以为投资者决策提供数据化参考。当然，股市受到全球经济形势、政策变化、公司业绩、市场情绪等多方面因素的影响，绝非简单的数据分析便能得出准确的结论。因此，虽然 AI 提供了分析工具，但它也有局限性，如过度拟合历史数据而忽略了未来市场可能的新动向。除却这些局限因素，利用 AI 辅助股市数据分析，仍可在一定程度上简化了传统数据分析的流程，对于量化投资交易而言无疑是一种新的尝试。

由于股市数据涉及面过广，量化交易专业难度较高，此处选择相对简单的股指数据分析为例，介绍一种 AI 辅助股市数据分析可参考的思路。

第一步 上传股市数据

这里我们以沪深 300 指数为例。该指数是由上海证券交易所和深圳证券交易所联合发布的股票市场指数，包含了两地交易所中市值最大的 300 家公司的股票，可以反映股市整体波动和变化趋势。这里下载了 2014 年 1 月 1 日至 2024 年 6 月 9 日的沪深 300 指数（图 1–68），并将之上传给 ChatGPT，要求其对数据进行基本解读，并提供一些分析思路。

第二步 数据分析与策略生成

上传数据后可输入指令让 AI 对上传的数据进行分析，如图 1–69 所示，可让 AI 根据历史股指数据制定定投策略。AI 会提供几种不同的策略供参考，包括基本规则和调整策略等。

沪深300指数历史数据 沪深300指数历史数据 ∨

	日期	收盘	开盘	高
1	2024-06-07T00:00:00	3574.11	3594.63	3603.07
2	2024-06-06T00:00:00	3592.25	3602.16	3625.01
3	2024-06-05T00:00:00	3594.79	3610.36	3623.32
4	2024-06-04T00:00:00	3615.67	3583.81	3622.5

以上是沪深300指数2014年至2024年的数据，请分析该数据表格中的字段，并梳理根据以上数据字段可以进行哪些分析？

我将先检查该Excel文件的内容，提取字段信息，并分析可以进行的相关数据分析。稍等片刻。

沪深300指数历史数据字段解析

该数据表包含以下 7 个字段：

1. **日期（Date）**：指数的交易日期。
2. **收盘（Close）**：当天交易结束时的指数收盘点位。
3. **开盘（Open）**：当天交易开始时的指数开盘点位。
4. **高（High）**：当天指数的最高点。
5. **低（Low）**：当天指数的最低点。
6. **交易量（Volume）**：当天市场交易的总量（单位：K，千手）。
7. **涨跌幅（Change %）**：当日涨跌幅，表示指数相较于前一天的涨跌百分比。

可以进行的分析

1. **趋势分析**
   - 计算沪深300指数的**长期趋势**（2014-2024）。
   - 分析**年度、季度、月度走势**，观察指数涨跌的季节性规律。
   - 绘制指数的移动均线（**MA5、MA20、MA60**），判断市场趋势。

2. **波动性分析**
   - 计算**每日涨跌幅标准差**，评估市场波动性。
   - 分析**高低点之间的振幅**，研究市场的活跃度。

3. **交易量与价格关系**
   - 观察**交易量与指数涨跌之间的相关性**，分析市场情绪。
   - 计算**成交量突增的情况下，指数的后续表现**，预测可能的市场变化。

4. **技术指标分析**
   - 计算**相对强弱指数（RSI）**，判断市场是否超买或超卖。
   - 计算**移动平均收敛散度（MACD）**，识别买卖信号。
   - 计算**布林带（Bollinger Bands）**，分析市场波动范围。

5. **市场周期分析**
   - 对比不同年份的**牛熊转换点**，识别长期市场周期。
   - 观察**重大事件对指数的影响**（如政策调整、国际经济变化等）。

图 1–68　数据准备与上传

请根据以上表格中的历史数据，帮我制定一个收益较大的定投规则

为了制定一个基于沪深300指数历史数据的有效定投规则，我们需要考虑几个关键因素，包括投资时间点、投资金额、调整策略等。以下是一种可能的定投策略：

定投策略概述

1. **定投周期**：选择一个固定的投资周期，例如每月、每季或每年进行一次投资。

2. **投资金额**：根据个人财务状况设定固定的投资金额。

3. **调整机制**：基于市场表现调整投资金额或时间点，例如在市场低迷时增加投资金额，市场高涨时减少投资金额。

4. **长期持有**：定投是一种长期投资策略，建议持有时间不少于5年。

具体策略实施

1. **基本投资规则**：

   - 每月定投固定金额，比如每月投资1000元。
   - 投资日期选择每月的固定一天，例如每月的第一个交易日。

2. **市场调整规则**：

   - 如果当月市场涨跌幅低于某一阈值（比如-5%），增加投资金额的50%，即投资1500元。
   - 如果当月市场涨跌幅高于某一阈值（比如5%），减少投资金额的50%，即投资500元。

3. **评估与调整**：

   - 每年评估一次投资策略的有效性，根据市场总体表现和个人财务状况调整投资策略。
   - 考虑利用技术指标（如移动平均线）来优化投资时点。

策略的数据支持

接下来，我可以基于您提供的历史数据运行一些模拟，以查看上述策略在过去几年的表现如何。这将帮助我们理解策略在实际应用中的潜在效果。您想要进行这种模拟吗？如果是，请告诉我具体的投资金额和其他参数设置。

图 1–69　投资策略参考

接下来还可以提供具体的投资周期、金额等相关信息供 AI 进行数据模拟计算。如图 1–70 所示，告知 AI 固定投资周期和投资额，AI 会根据设定规则（如根据市场涨跌幅进行投资额度调整）来计算累计投资额和投资收益。

每个投资周期的固定投资额为1万元，设定投资周期为每个月

根据模拟的结果，我们设定的定投策略在沪深300指数上的表现如下：

1. **调整后的投资额**：根据市场涨跌情况，每月的实际投资额会根据设定的阈值进行调整。例如，当月市场涨跌幅超过5%时，投资额会减少50%，而当市场跌幅超过5%时，投资额会增加50%。

2. **累积投资**：从2014年1月至2024年6月的累计投资额达到25,430,000元。

3. **估计价值**：基于每月调整后的投资额和相应的市场涨跌幅，投资的估计价值约为25,428,832.5元。这意味着投资的总回报接近于投入的本金，但需要考虑的是这不包括可能的分红、股息等因素，也未考虑通货膨胀对购买力的影响。

这个策略主要的优势是在市场下跌时增加投资，以便在市场回升时获得更多的收益，而在市场表现过于强劲时减少投资，以避免高位追入。然而，这也意味着您需要承受市场波动带来的心理压力，并且在市场长时间表现不佳时，可能会面临资金的负回报。

如果您需要对这个策略进行进一步的定制或考虑其他因素（如分红、税费等），请告诉我，我们可以进一步优化策略。

图 1-70　数据模拟计算

【第三步】 **数据模拟与策略比较**

除此之外，还可让 AI 针对不同投资策略分别进行数据模拟，并根据模拟出来的投资回报情况，选择收益率最大的投资策略。如图 1-71 所示，通过对基本定投策略、动态调整策略和价值平均策略的比较，可以发现在长期的投资周期内，不同的策略展现出了不同的资本增长曲线和波动性。为了进一步优化这些策略，可以引入更多的市场因素和经济指标，例如宏观经济数据、政策变动、市场情绪等，这些都可能是影响策略的因素。AI 的强大之处就在于，可以利用机器学习方法，通过历史数据学习市场行为，预测未来趋势，从而为投资者提供更加个性化和精准的投资建议。

以上的示例分析只是提供了 AI 辅助股市分析的一种思路，在现实操作中，投资者还需要考虑到其他诸多因素，如市场波动、经济周期、政治事件以及个人风险承受能力。实际应用中，AI 分析作为辅助工具，最终还是要结合专业人士的意见和个人经验进行决策。此外，AI 幻觉问题也需警惕，只有对 AI 生成结果保持谨慎态度，才能最大化规避 AI 风险、挖掘 AI 红利。

请帮我给出3种不同的定投策略，并对每种策略的投资回报率进行比较

要给出三种不同的定投策略并比较它们的投资回报率，我们可以采用以下策略并进行模拟：

定投策略设定

1. **基本定投策略**：

- **描述**：每月固定投资1,000元，无论市场状况如何。
- **目的**：简单易行，适合不希望过多关注市场波动的投资者。

2. **动态调整策略**：

- **描述**：根据前一个月的市场表现调整投资额。如果市场上月下跌，则增加投资额（例如增加20%）；如果市场上月上涨，则减少投资额（例如减少20%）。
- **目的**：试图在市场低迷时买入更多，在市场高涨时减少买入，以期增加收益。

3. **价值平均策略**：

- **描述**：设定一个目标投资额（如每月目标市值增加1,000元），根据实际市值与目标市值的差异调整每月投资额。如果市场表现好，减少投资额；如果市场表现差，增加投资额。
- **目的**：通过调整投资额以保持市值的稳定增长，减少市场高点的投资，增加市场低点的投资。

定投策略比较结果

根据模拟的结果，我们比较了三种不同的定投策略：

1. **基本定投策略**：每月固定投资1,000元。
2. **动态调整策略**：根据上月的市场表现调整投资额，以试图抓住市场的涨跌。
3. **价值平均策略**：根据目标市值增长调整投资额，以期保持投资组合的平稳增长。

以下是截至2014年1月2日的投资和估值比较：

策略类型	累计投资额 (RMB)	估计投资组合价值 (RMB)
基本定投策略	2,537,000	2,537,669.6
动态调整策略	2,537,134.62	2,537,807
价值平均策略	18,619.03	18,603.22

分析

- **基本定投策略**和**动态调整策略**的累计投资和估计值相近，表明在过去的时间里，频繁的调整与简单的固定投资相比，并没有带来显著的收益差异。
- **价值平均策略**的累计投资额远低于其他两种策略，这主要是因为它根据市场价值与目标增长的差异调整投资额，导致实际投资额远低于设定的目标。此策略在市值大幅波动时可能不适用，或者需要调整目标增长设定和计算方式。

这些结果表明，如果投资者寻求简单且稳定的投资方法，基本定投策略可能是一个好选择。而动态调整策略在波动的市场中可能会稍微提高收益，但其效果并不显著。价值平均策略可能需要更多的调整和测试，以确保其在不同市场条件下的有效性。

如果您需要进一步的数据分析或希望探讨其他投资策略，请告诉我。 [>-]

图 1-71　AI 辅助数据模拟和策略比较

1.4.4　如何用 AI 快速制作"高大上"图表？

除了基础的数据分析，AI 还可以辅助生成可视化图表，使得复杂的数据信息以直观、易懂的形式展现出来。目前通用 AI 产品中，ChatGPT 在可视化图表生成上效果更佳，支持的图表类型也更为丰富，除了基础的柱状图、折线图、饼图、散点图等，还可以生成箱线图、蝴蝶图、社会网络图、词云图等复杂图表。且 ChatGPT 支持对可视化图表的类型、配色、风格、字体等元素进行对话式调整。通过简单的语言指令生成复杂多元的图表，从而帮助决策者快速捕捉关键信息，发现数据中的规律与异常。

以 ChatGPT 为例，绘制可视化图表操作如下：

第一步　上传数据，梳理图表类型

同样以 1.4.2 节中分析的产品销售数据为例，将数据上传给 AI 后，可以先让其帮忙分析数据结构，并根据现有数据梳理可以绘制的可视化图表类型，如图 1-72 所示。AI 会自动分析数据字段，并给出可视化建议。

Sample - Superstore.xlsx
电子表格

请问根据这份数据文件，你能生成哪些可视化图表?请依次列举，并说明该图表可以反映什么问题

我可以根据 "Sample - Superstore.xlsx" 生成多个可视化图表，具体取决于数据的结构和字段。首先，我会检查该文件包含哪些工作表和字段，以确定合适的可视化方式。让我先解析一下文件内容。

该 Excel 文件包含以下 3 个工作表：

1. Orders（订单）
2. People（人员）
3. Returns（退货）

接下来，我将检查 Orders 工作表的字段，因为它通常包含销售数据，是最适合可视化分析的部分。[...]

可视化图表及其反映的问题

根据 Orders 工作表的数据字段，我们可以生成以下可视化图表：

1. **销售额趋势折线图** 📈
   - **X轴**：订单日期（Order Date）
   - **Y轴**：销售额（Sales）
   - **作用**：显示销售额的时间变化趋势，识别季节性模式和增长趋势。

2. **利润与销售额的散点图** 📊
   - **X轴**：销售额（Sales）
   - **Y轴**：利润（Profit）
   - **作用**：观察销售额和利润之间的关系，发现低利润或亏损的销售情况。

3. **各地区销售额和利润柱状图** 📊
   - **X轴**：地区（Region）
   - **Y轴**：销售额/利润
   - **作用**：比较不同地区的销售和盈利情况，发现高利润或低利润区域。

4. **产品类别销售额堆叠柱状图** 📊
   - **X轴**：产品类别（Category）
   - **Y轴**：销售额（Sales），按子类别（Sub-Category）堆叠
   - **作用**：分析不同产品类别的销售额贡献，确定畅销产品类型。

↓

73

5. **折扣与利润的关系散点图** ✍
   - **X轴**：折扣（Discount）
   - **Y轴**：利润（Profit）
   - **作用**：观察折扣是否影响利润，判断是否存在折扣过高导致亏损的情况。

6. **不同运输方式的订单数量饼图** ◉
   - **分类**：运输方式（Ship Mode）
   - **作用**：了解不同运输方式的订单占比，发现最受欢迎的物流方式。

7. **退货订单占比饼图** ◉（结合 Returns 工作表）
   - **分类**：退货/非退货订单
   - **作用**：评估退货率，分析退货对销售的影响。

8. **各城市销售额前10排行榜条形图** 📊
   - **X轴**：销售额（Sales）
   - **Y轴**：城市（City）（按销售额降序排序）
   - **作用**：找出销售额最高的城市，优化市场策略。

9. **客户细分市场（Segment）销售占比饼图** ◉
   - **分类**：消费者类型（Segment）
   - **作用**：分析 B2B（企业客户）和 B2C（个人消费者）的销售占比。

如果你有特定的可视化需求，欢迎告诉我！接下来，我可以为你生成其中某个图表。◉ [›-]

图 1–72　AI 辅助数据可视化图表流程

第二步 选择图表类型，绘制图表

　　针对 ChatGPT 给出的可视化图表绘制建议（图 1–72），结合自身需求选择合适的图表类型，让 AI 完成后续图表绘制任务。可直接通过提示语"请分别绘制图表 123"，让 AI 依次完成相应图表的绘制。如果你想绘制的图表不在 AI 建议范畴内，也可通过对话指令，让 AI 完成指定图表绘制。如图 1–73 所示，通过简单的语言指令，AI 可以快速生成丰富的可视化图表。

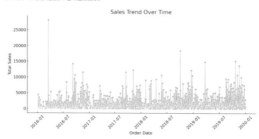

请分别绘制123

我将依次绘制以下三个图表：

1. **销售额趋势折线图**（展示销售额的时间变化趋势）

2. **利润与销售额的散点图**（观察销售额和利润的关系）

3. **各地区销售额和利润柱状图**（比较不同地区的销售和盈利情况）

接下来，我将处理数据并绘制这些图表。

这是**销售额趋势折线图**，展示了销售额随时间的变化趋势。我们可以观察到销售额的波动情况，并可能发现季节性模式或增长趋势。

接下来，我将绘制**利润与销售额的散点图**。 [⌐]

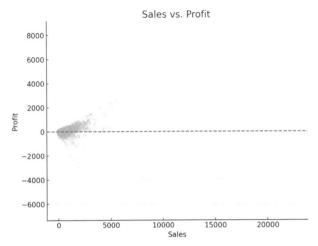

这是**利润与销售额的散点图**，用于观察销售额和利润之间的关系。

- 可以看到部分销售额较高但利润较低甚至亏损（落在红色基准线以下）的交易。
- 这可能与高折扣、低利润产品或高运营成本相关。

接下来，我将绘制**各地区销售额和利润柱状图**。 [⌐]

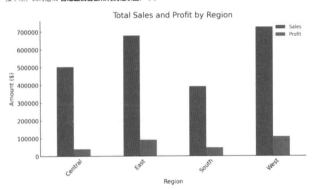

这是**各地区销售额和利润柱状图**，展示了不同地区的 ↓ 额和利润情况。

图 1-73　AI 生成可视化图表示例

第三步　图表参数调整与样式优化

在得到基础图表之后，可以对图表的配色、字体、尺寸、风格、类型等元素进行调整。只需要通过语言指令，便可让 AI 完成相应修改。如图 1-74 所示，提示语"图的宽高比为 1:2，配色统一采用蓝色系，提供下载链接"可让 AI 自动调整图 1-73 中图表的配色和尺寸，并给出 PNG 格式的图片下载链接。

图的宽高比为1:2，配色统一采用蓝色系，提供下载链接

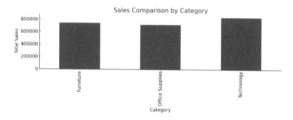

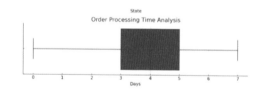

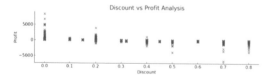

我已经根据您的要求重新绘制了图表，宽高比为1:2，并统一使用了蓝色系。您可以通过下面的链接下载这些图表：

下载可视化图表

如果您需要进一步的调整或有其他需求，请告诉我！ [v-]

图 1-74   AI 辅助图表样式修改

第四步　其他复杂图表绘制

除了以上所展示的基础图表，还可利用 AI 绘制更多复杂图表。如图 1–75
所示，AI 可结合相关系数和显著性程度自动生成相关性矩阵，更直观地展示指
标两两之间的关联性强弱。需要注意的是，在使用 ChatGPT 生成图表的过程中，
如果想要呈现中文字符，需要上传中文字体文件，要求其用上传文件显示字符
（目前默认只支持英文字体）。

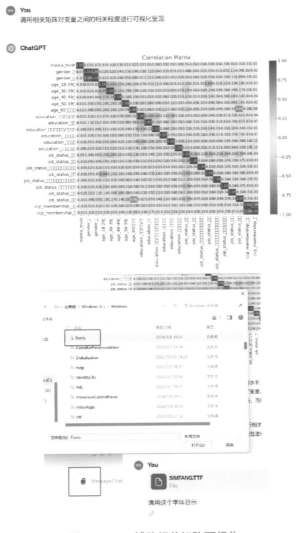

图 1–75　AI 辅助相关矩阵可视化

相比于传统数据分析，AI 可以对同一个分析目标，给出多种实现方案，并基于结果对比选择最适配的。如图 1-76 所示，利用 AI 可实现对特定因变量的影响因素分析，除了利用传统的回归分析，AI 还可通过随机森林、支持向量机等机器学习模式来实现，并对分析结果进行可视化呈现。

更为方便的是，在生成可视化图表的基础上，可以使用自然语言命令对可视化图表进行优化。如图 1-77 所示，文本指令可让 AI 针对可视化图表的配色、图表类型、显示要素等进行调整，进一步降低了数据可视化的操作门槛，真正实现了"所言即所得"。

除了描述统计、相关分析、因果分析，AI 也可结合既有时间序列数据进行趋势预测。如图 1-78 所示，AI 会结合数据结构特征去选择合适的预测方法，对预测结果进行解读分析，并对既有数据和预测数据进行区分。

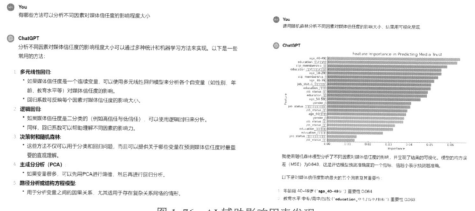

图 1-76　AI 辅助影响因素发现

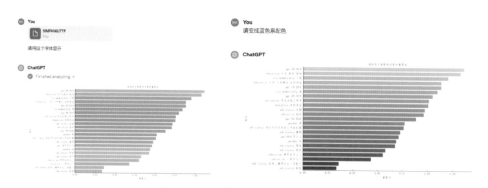

图 1-77　AI 辅助可视化要素调整

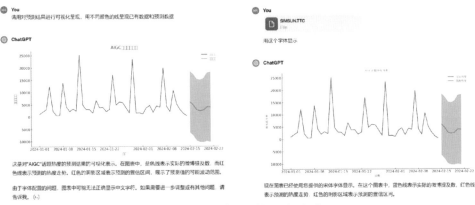

图 1-78　AI 辅助趋势预测可视化

除了进行数值型数据分析之外，AI 也可以针对文本数据进行可视化。如对于既有词频分析结果，可采用 AI 生成词云图。如图 1-79 所示，AI 会根据输入词频表自动生成词云图，并可通过自然语言对话的方式对词云图的配色、形状、字体等基础属性进行调整。

图 1-79　AI 辅助词云可视化

整体来看，AI 辅助数据可视化极大地提升了职场信息传达的效率和视觉美观性。AI 能够迅速识别模式和趋势，生成直观的图表和报告，同时还能迅速按照需求调整图表样式，相比于传统的数据可视化工具，使用门槛大幅降低，让更多职场人士能够通过"可视化数据叙事"方式增强信息说服力。

1.4.5 如何用 AI 挖掘行业热点？

利用 AI 挖掘行业热点能够为企业带来市场洞察的启发线索，帮助职场人士更好地了解行业态势。AI 技术可以通过分析社交媒体趋势、消费者行为数据和竞争对手动态，快速定位当前的行业焦点和未来的增长领域。这些洞察使企业能够及时调整产品开发和营销策略，更有效地锁定目标市场。

结合具体应用场景来看，初学者在与 AI 对话时往往倾向于寻求一步到位、一问即答的解决方案。然而，这种期待往往过于理想化，忽视了 AI 在处理复杂问题时可能存在的局限性。过于简单和直接的问题往往会得到过于宏大和抽象的答案，虽然在思路上可以提供参考，但却不够具象化和精准化。

这里举一个错误案例：请你帮我梳理近期金融科技领域的十大热点话题（如图 1-80 所示，图中示例应用为 DeepSeek 联网模式）

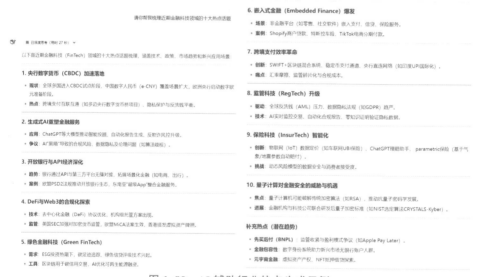

图 1-80　AI 辅助行业热点生成示例

以上请求过于笼统和宽泛，AI 在没有更多指导信息的情况下，难以生成既精准又有深度的选题。如果在不给 AI 提供更多素材的基础上，想要"一步到位"地获取更为精准和详细的答案，可采用 RTGO 提示语框架，对错误示例的提示语优化如下（图 1-81）：

角色：你是一名金融科技领域的资深从业者

任务：现在需要针对金融科技领域最新的时事热点和前沿技术趋势，提供10个热点议题

目标：希望通过该热点能够为企业后期发展和战略布局提供前沿性支撑

要求：需要具备时效性、专业性、可落地性，专注于细分领域，不要过于宏大

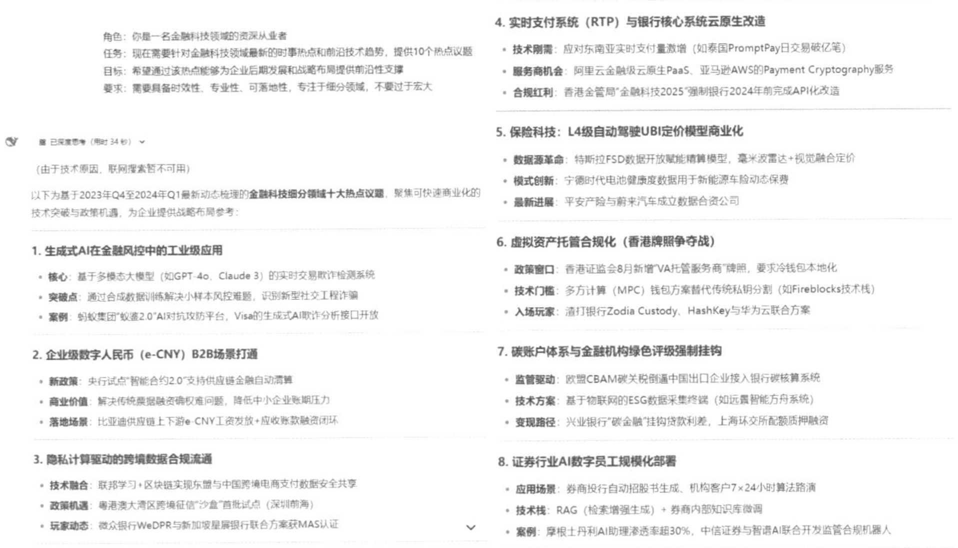

角色：你是一名金融科技领域的资深从业者
任务：现在需要针对金融科技领域最新的时事热点和前沿技术趋势，提供10个热点议题
目标：希望通过该热点能够为企业后期发展和战略布局提供前沿性支撑
要求：需要具备时效性、专业性、可落地性，专注于细分领域，不要过于宏大

已深度思考（用时 34 秒）

（由于技术原因，联网搜索暂不可用）

以下为基于2023年Q4至2024年Q1最新动态梳理的**金融科技细分领域十大热点议题**，聚焦可快速商业化的技术突破与政策机遇，为企业提供战略布局参考：

1. 生成式AI在金融风控中的工业级应用

- **核心**：基于多模态大模型（如GPT-4o、Claude 3）的实时交易欺诈检测系统
- **突破点**：通过合成数据训练解决小样本风控难题，识别新型社交工程诈骗
- **案例**：蚂蚁集团"蚁鉴2.0"AI对抗攻防平台，Visa的生成式AI欺诈分析接口开放

2. 企业级数字人民币（e-CNY）B2B场景打通

- **新政策**：央行试点"智能合约2.0"支持供应链金融自动清算
- **商业价值**：解决传统票据融资确权难问题，降低中小企业账期压力
- **落地场景**：比亚迪供应链上下游e-CNY工资发放+应收账款融资闭环

3. 隐私计算驱动的跨境数据合规流通

- **技术融合**：联邦学习+区块链实现东盟与中国跨境电商支付数据安全共享
- **政策机遇**：粤港澳大湾区跨境征信"沙盒"首批试点（深圳前海）
- **玩家动态**：微众银行WeDPR与新加坡星展银行联合方案获MAS认证

4. 实时支付系统（RTP）与银行核心系统云原生改造

- **技术刚需**：应对东南亚实时支付量激增（如泰国PromptPay日交易破亿笔）
- **服务商机会**：阿里云金融级云原生PaaS、亚马逊AWS的Payment Cryptography服务
- **合规红利**：香港金管局"金融科技2025"强制银行2024年前完成API化改造

5. 保险科技：L4级自动驾驶UBI定价模型商业化

- **数据源革命**：特斯拉FSD数据开放赋能精算模型，毫米波雷达+视觉融合定价
- **模式创新**：宁德时代电池健康度数据用于新能源车险动态保费
- **最新进展**：平安产险与蔚来汽车成立数据合资公司

6. 虚拟资产托管合规化（香港牌照争夺战）

- **政策窗口**：香港证监会8月新增"VA托管服务商"牌照，要求冷钱包本地化
- **技术门槛**：多方计算（MPC）钱包方案替代传统私钥分割（如Fireblocks技术栈）
- **入场玩家**：渣打银行Zodia Custody、HashKey与华为云联合方案

7. 碳账户体系与金融机构绿色评级强制挂钩

- **监管驱动**：欧盟CBAM碳关税倒逼中国出口企业接入银行碳核算系统
- **技术方案**：基于物联网的ESG数据采集终端（如远景智能方舟系统）
- **变现路径**：兴业银行"碳金融"挂钩贷款利差，上海环交所配额质押融资

8. 证券行业AI数字员工规模化部署

- **应用场景**：券商投行自动招股书生成、机构客户7×24小时算法路演
- **技术栈**：RAG（检索增强生成）+券商内部知识库微调
- **案例**：摩根士丹利AI助理渗透率超30%，中信证券与智谱AI联合开发监管合规机器人

图 1–81　AI 辅助行业热点挖掘示例

从以上示例中可发现，优化后的提示语更具针对性、精准性和可落地性。优化后的提示语不仅明确了角色的身份和职责，还具体化了任务的内容，明确了目标的预期效果，并对完成任务的具体要求做了细化。这种结构化的提示语不仅有助于 AI 更准确地理解请求，还提高了生成内容的相关性和质量。

当然，要想更精准地挖掘最新行业热点，除了启动联网模式，还需要不断给 AI"投喂"最新的金融科技领域语料，包括最新的研究报告、专业期刊文章、行业会议演讲、政策文件等，以确保 AI 模型能够持续学习并紧跟金融科技领域的前沿动态。这样 AI 才能为企业提供更准确、更有价值的行业洞察。如图 1–82 所示，给 AI 提供相关研报，让 AI 帮忙基于相关报告提炼热点议题，其生成内容会更加聚焦。

金融科技报告.docx
DOCX 398.31KB

请根据以上报告，帮忙梳理金融科技十大热点

▨ 已深度思考（用时 28 秒）▾

以下是基于报告中核心内容梳理的**2024年金融科技十大热点议题**，聚焦细分领域技术突破与政策机遇，为企业战略布局提供参考：

---

1. 金融业"AI治数"模式工业化落地

- **核心**：通过大模型驱动的自动化数据治理平台（如数据标注、分类分级、质量修复），解决多源异构数据管理难题
- **技术支撑**：数据编织（Data Fabric）＋联邦学习＋合成数据生成技术
- **落地场景**：银行反洗钱数据清洗效率提升50%，保险精算数据标注成本下降70%

---

2. 隐私计算驱动的跨境金融数据流通

- **突破点**：粤港澳大湾区跨境征信沙盒试点，支持中资银行与东南亚电商平台合规共享交易数据
- **技术方案**：全同态加密硬件加速卡（如Intel SGX）＋区块链存证
- **案例**：微众银行WeDPR与新加坡星展银行联合方案获MAS认证

---

3. 金融大模型"大小协同"工程化实践

- **模式创新**：大模型（语义理解）串联传统小模型（高精度决策），构建混合智能风控系统
- **关键技术**：RAG增强检索＋知识蒸馏技术＋监管沙盒测试工具链
- **应用场景**：招商银行"天秤"风控系统实现信贷审批误判率降低至0.3%

---

4. 金融核心系统"一云多芯"改造攻坚

- **政策驱动**：央行要求2025年前完成80%银行核心系统云原生重构
- **技术难点**：分布式数据库（OceanBase/TiDB）替代Oracle，容器化迁移中的事务一致性保障
- **标杆案例**：平安银行信用卡系统上云后并发处理能力提升20倍

---

5. 量子安全金融网络先行试点

- **紧迫性**：工行/中行启动抗量子密码迁移，2024年内完成U盾芯片预埋CRYSTALS-Kyber算法
- **技术路径**：量子密钥分发（QKD）专网＋后量子加密算法双轨运行
- **商业化**：国盾量子与银联联合研发量子POS机（合肥试点）

---

6. 绿色金融科技强制合规体系

- **监管要求**：欧盟CBAM倒逼中资银行建立碳账户穿透式管理系统
- **技术方案**：物联网终端（远景智能方舟）＋区块链碳足迹溯源
- **变现模式**：兴业银行"碳账户"挂钩贷款利差浮动，利率优惠幅度达50BP

---

7. 自动驾驶数据保险定价商业化

- **数据革命**：特斯拉FSD脱敏数据开放赋能UBI车险动态定价模型
- **技术融合**：毫米波雷达轨迹分析＋视觉识别驾驶行为评分
- **案例**：平安产险与蔚来成立数据合资公司，保费定价误差率<5%

---

8. 证券行业AI数字员工规模化

- **应用深化**：投行招股书生成效率提升80%，机构客户算法路演响应速度达毫秒级
- **技术栈**：智谱AI金融大模型＋券商私有知识库微调＋合规审查机器人
- **标杆案例**：中信证券IPO文件自动生成系统节省2000+人力小时/项目

图1-82　AI 辅助分析行业报告

在没有合适的"投喂"语料的情况下，利用 AI 搜索工具，如天工 AI 搜索已接入 DeepSeek-R1，我们同样能够精准把握行业脉搏。通过天工 AI 搜索，我们可以基于全网或学术研究信息，快速汇聚当下金融科技行业的前沿热点议题。如图 1-83 所示，除了获取聚合性的议题，AI 还可以为我们深入探讨相关议题内容提供参考信源，方便我们按图索骥进行更多深度观察。

图 1-83　基于 AI 搜索的行业热点挖掘

1.4.6　如何用 AI 进行用户分析？

虽然目前 AI 还不能直接获取用户数据，只能针对已有数据进行结构化分析和可视化呈现，但依赖于其底层庞大的训练语料库，AI 仍可对部分有一定网络曝光度的产品进行用户画像的构建。在用户调查过程中，也可利用 AI 更便捷高效地完成调研问卷设计和访谈提纲的撰写。具体来看，AI 可从以下几方面来辅助我们进行用户 / 客群分析。

【群像洞察与竞品分析】

虽然 AI 无法给出明细用户数据，但在基本面判断上可输出相关参考信息。这里以媒体运营为例，可借助 AI 对有一定曝光度的对标产品进行用户画像的构建。如图 1–84 所示（图示为 DeepSeek，需同时开启"深度思考"和"联网搜索"模式），可对既有媒体账号的受众进行多维度画像分析，包括年龄段、区域、性别、教育水平、关注议题、渠道偏好等元素。

除了对指定媒体账号进行受众画像分析，AI 还可以帮助挖掘其他有特色的细分领域账号 / 媒体，为运营者提供对标对象。如图 1–85 所示，通过 AI 可对某领域知名媒体进行分类提取，并对其核心特征进行总结。

请问丁香医生的受众具备什么特征？包括年龄段、区域、性别、教育水平、关注议题、渠道偏好等

已深度思考（用时 30 秒）

丁香医生的受众特征可从多个维度进行分析，结合公开信息和用户行为数据，其核心用户群体大致呈现以下特点：

1. 年龄段

- **核心群体**：20-40岁中青年为主力，细分如下：
  - **20-30岁**：关注皮肤健康、减肥塑形、心理健康、性健康（如HPV疫苗）、熬夜/亚健康调理等。
  - **30-40岁**：聚焦育儿知识、慢性病预防（如三高）、职场健康、父母养老问题等。
- **延伸群体**：40岁以上用户逐渐增多，关注慢性病管理、癌症筛查、中老年保健等。

2. 区域分布

- **高线城市主导**：主要集中在一二线城市（如北京、上海、广州、深圳、杭州等），因医疗资源丰富、健康意识强且互联网渗透率高。
- **下沉市场渗透**：近年来三四线城市用户增长明显，得益于短视频平台（如抖音）的内容扩散和健康科普需求提升。

3. 性别比例

- **女性占比略高**：约60%-70%，因女性更主动关注家庭健康、育儿、美容养生等议题。
- **男性用户增长**：随职场健康、运动损伤、慢性病管理等议题普及，男性用户比例逐步上升。

4. 教育水平

- **中高教育背景为主**：本科及以上学历用户占比超70%，普遍具备较强信息甄别能力，偏好科学严谨的内容。
- **职业特征**：包括白领、医护人员、教师、高知父母等群体。

5. 关注议题

- 疾病与健康管理：
  - 常见病科普（如感冒、胃炎）、慢性病（糖尿病、高血压）、癌症预防。
  - 心理健康（焦虑、抑郁）、睡眠问题、职场亚健康。
- **热点健康话题**：
  - 疫苗（HPV、新冠）、食品安全、医学辟谣（如"酸碱体质"）。
  - 新兴健康趋势（生酮饮食、轻断食、代糖争议）。
- **垂直人群需求**：
  - 年轻女性：妇科健康、护肤、避孕知识。
  - 新手父母：科学育儿、疫苗接种、儿童营养。
  - 中老年群体：心脑血管疾病、骨质疏松、养老护理。

6. 渠道偏好

- 社交媒体：
  - **微信生态**：公众号（深度长文）、小程序（在线问诊）为主要阵地。
  - **短视频平台**：抖音、快手用于传播轻量化科普（1-3分钟短视频）。
  - **微博**：热点健康事件快速响应（如疫情科普、明星健康争议）。
- 自有平台：
  - **丁香医生App**：核心用户聚集地，提供问诊、健康课程、用药查询等功能。

图 1-84　AI 辅助媒体账号受众画像分析

知名的医疗自媒体还有哪些

除了丁香医生，国内外还有许多知名的医疗健康类自媒体，它们以专业的内容、广泛的传播和多元的形式吸引了大量用户。以下是一些具有代表性的医疗自媒体：

国内知名医疗自媒体

1. 医学界
   - **特点**：面向医生和医疗从业者，提供专业医学资讯、临床指南、行业动态等。
   - **平台**：微信公众号、网站、App。
   - **受众**：医生、医学生、医疗行业从业者。
2. 健康界
   - **特点**：聚焦医疗行业新闻、医院管理、政策解读，兼顾大众健康科普。
   - **平台**：微信公众号、网站、App。
   - **受众**：医疗管理者、医生、健康从业者及普通用户。
3. 腾讯医典
   - **特点**：由腾讯推出的权威医疗知识平台，内容涵盖疾病百科、健康科普、医学前沿等。
   - **平台**：微信公众号、小程序、网站。
   - **受众**：普通大众，尤其是对疾病知识有需求的用户。
4. 好大夫在线
   - **特点**：以在线问诊为核心，提供医生咨询、疾病科普、患者经验分享等服务。
   - **平台**：App、网站、微信公众号。
   - **受众**：患者及家属、健康关注者。
5. 春雨医生
   - **特点**：早期以在线问诊起家，现涵盖健康科普、疾病管理、健康社区等功能。
   - **平台**：App、微信公众号。
   - **受众**：普通大众，尤其是年轻用户。

图 1-85　AI 辅助对标账号分析

在梳理了对标媒体之后，AI 可从多个维度对同类媒体受众进行横向对比，挖掘各自的优势特色和短板不足，进而帮助媒体发现尚未充分覆盖或新兴的细分市场，定位潜在的增长机会。如图 1-86 所示，在未提供任何参考信息的情况下，AI 也可对行业头部媒体的受众特征进行多维对比，帮助了解该领域核心受众的画像特征。

请帮我对比下丁香医生、春雨医生、健康界的受众特征，用表格形式呈现

以下是**丁香医生**、**春雨医生**和健康界的受众特征对比，用表格形式呈现：

特征	丁香医生	春雨医生	健康界
年龄段	20-40岁为主，涵盖大学生、职场人士、年轻父母等。	20-35岁为主，年轻用户占比高，尤其是职场新人和新手父母。	30-50岁为主，以医疗从业者、医院管理者、行业专家为核心。
区域分布	一二线城市为主，近年来向三四线城市渗透。	一二线城市为主，下沉市场用户逐渐增多。	一二线城市为主，覆盖全国医疗行业从业者。
性别比例	女性占比略高（约60%-70%），关注家庭健康、育儿、美容等议题。	女性占比高（约70%），尤其是孕产妇和年轻女性。	性别分布较均衡，男性略多，因医疗行业从业者中男性比例较高。
教育水平	中高教育背景为主，本科及以上学历用户占比超70%。	中高教育背景为主，本科及以上学历用户占比高。	高教育背景为主，医疗从业者、管理者、行业专家占比高。
关注议题	疾病科普、健康管理、育儿知识、心理健康、热点健康话题（如疫苗、医学辟谣）。	在线问诊、疾病咨询、孕产健康、育儿知识、职场健康。	医疗行业新闻、医院管理、政策解读、临床指南、健康科普。
渠道偏好	微信公众号、抖音、微博、丁香医生App。	春雨医生App、微信公众号、短视频平台。	微信公众号、网站、行业会议、线下活动。
核心受众	高知城市青年、健康关注者、新手父母、职场人士。	年轻用户、孕产妇、新手父母、职场亚健康人群。	医生、医院管理者、医疗行业从业者、政策研究者。
内容特点	科学严谨、通俗易懂、结合热点、注重权威性。	在线问诊为核心，内容轻量化、实用性强。	专业性强，聚焦行业动态、政策解读、管理经验。
典型用户画像	28岁女性，一线城市白领，关注HPV疫苗、护肤、育儿知识。	25岁女性，新手妈妈，关注孕产健康、儿童疫苗接种。	40岁男性，三甲医院管理者，关注医改政策、医院运营、临床指南。

图 1-86　AI 辅助同类媒体对比分析

【用户调查与问卷设计】

为了更精准地获取用户数据、了解用户需求，用户调查必不可少。调查可以

采用多种方式，包括在线问卷、焦点小组、电话访问、深度访谈等。一般在线问卷可以覆盖更广泛的用户群体，适合对整体趋势和普遍观点的调查；而深度访谈和焦点小组则可以深入挖掘特定用户的需求和心理，获取更具体、更详细的信息。虽然 AI 没办法完成受众调查的全流程，但在方法设计和策划阶段可充分发挥其辅助作用。

例如，在设计调查问卷的过程中，AI 可以基于其对大量的同类问卷的学习和特征提取，帮助提炼关键指标，辅助设计出更具针对性和有效性的问卷题目。如图 1-87 所示，在操作过程中可明确告知 AI 用户的角色、任务、目标和要求，将问卷的主题、调查对象、问卷体量等信息输入给 AI，让 AI 帮助搭建问卷框架。

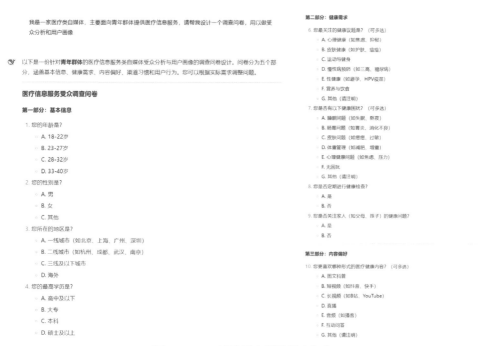

图 1-87　AI 辅助用户设计调查问卷

相比于人工设计，AI 可针对给定主题不断拓展出新的问题，不断细化出新的指标，不断给运营者新的灵感启发。在对相关问题进行筛选后，可将保留下来的问题输入给 AI 进行进一步的优化，包括问题形式、答案选项、交互流程等各方面的细节设计。如图 1-88 所示，AI 可推荐合适的问卷分发渠道，便于后续问卷信息的结构化处理和排版发放。

由于我无法直接生成在线调查问卷链接，但我可以指导您如何使用常见的在线问卷工具（如**问卷星**、**腾讯问卷**或Google Forms）创建问卷并生成链接。以下是具体步骤：

步骤 1：选择问卷工具

1. **问卷星**（中文用户常用）：https://www.wjx.cn/
2. **腾讯问卷**（简单易用）：https://wj.qq.com/
3. **Google Forms**（国际用户常用）：https://forms.google.com/

步骤 2：创建问卷

1. **注册/登录**：选择工具后，注册或登录账号。
2. **新建问卷**：点击"创建问卷"或"新建表单"。
3. **输入标题和描述**：
   - 标题：**青年群体医疗信息服务受众调查**
   - 描述：**感谢您参与本次调查！您的反馈将帮助我们更好地为您提供医疗信息服务。问卷仅需5分钟，所有信息将严格保密。**
4. **添加问题**：
   - 将我之前提供的问卷问题逐条复制到问卷工具中。
   - 根据工具提示，设置问题类型（单选、多选、开放题等）。
5. **调整样式**（可选）：
   - 更换主题颜色或添加Logo，使问卷更符合品牌形象。

步骤 3：发布问卷

1. **检查问卷**：预览问卷，确保问题逻辑清晰、无错误。
2. **设置选项**（可选）：
   - 开启"限时提交"或"限制每人提交一次"。
   - 设置"完成问卷后显示感谢语"。
3. **发布问卷**：点击"发布"或"生成链接"。

图 1-88　AI 辅助用户发放调查问卷

【用户角色模拟】

用户角色模拟是指通过创建虚拟用户来代表特定的用户群体，以便更好地理解用户需求、行为和偏好，从而指导内容设计、优化和服务策略的制定。这些虚拟用户是基于实际用户数据和市场研究综合而成的，通常包括人口统计学特征、生活习惯、兴趣爱好、职业等信息。一方面，利用 AI 技术可以快速提炼出某一媒体的典型受众样例，通过角色模拟的形式将抽象的用户特征具象化；另一方面，利用 AI 可快速生成和模拟这些虚拟用户的行为、语言和决策过程，通过对模拟场景的观察，更准确地预测和满足实际用户的需求。

如图 1-89 所示，通过指定媒体特性和受众特性，AI 可快速构建虚拟典型用户角色，并对其人口统计学特征、内容偏好、行为特征和核心需求进行画像构建。

图 1-89　AI 辅助用户角色模拟

　　用户模拟通常是以具象化的个体来呈现的，这些个体具有特定的名称、年龄、职业、兴趣爱好等，以便理解和共鸣。然而，实际上每个模拟用户并不是仅仅代表某一个人，而是代表着一个更大的、具有相似特征和需求的用户群体。通过创建典型用户角色，并对这些角色进行兴趣挖掘（如图 1-90 所示），企业可以更好地顾及不同细分领域用户的需求。

2. 新手妈妈——李婷婷

核心需求： 关注育儿知识、女性健康、家庭医疗，注重内容权威性。

选题方向：

- 育儿知识：
  - 《宝宝疫苗接种全攻略：时间表+注意事项》
  - 《儿童常见病护理指南：发烧、咳嗽、腹泻怎么办？》
  - 《如何培养宝宝的健康饮食习惯？营养师来支招》
- 孕产健康：
  - 《产后恢复指南：如何快速恢复身材与健康》
  - 《母乳喂养常见问题解答：医生教你正确喂养》
  - 《孕期营养补充：哪些食物对妈妈和宝宝最好？》
- 女性健康：
  - 《HPV疫苗科普：哪些人需要打？打几针？》
  - 《妇科常见问题解答：如何预防妇科疾病？》
  - 《产后抑郁怎么办？心理医生教你如何应对》
- 家庭健康：
  - 《老人慢性病护理指南：高血压、糖尿病如何管理？》
  - 《家庭急救知识：关键时刻能救命的技能》
  - 《如何为家人制定健康饮食计划？营养师来教你》

3. 健康达人——王志强

核心需求： 关注运动损伤、营养饮食、慢性病预防，偏好专业深度内容。

选题方向：

- 运动健康：
  - 《运动损伤修复指南：常见损伤如何处理？》
  - 《如何制定科学的健身计划？教练分享实用技巧》
  - 《跑步膝盖疼？可能是你的跑姿出了问题》
- 营养饮食：
  - 《健身饮食指南：如何搭配蛋白质、碳水与脂肪？》
  - 《补剂选择全攻略：蛋白粉、BCAA、肌酸怎么选？》
  - 《低碳水饮食真的适合你吗？科学解读其利弊》
- 慢性病预防：
  - 《三高人群如何科学运动？医生给出专业建议》
  - 《心血管健康指南：如何预防心脏病和中风？》
  - 《糖尿病患者的饮食与运动建议：如何控制血糖？》
- 健康科普：
  - 《功能性医学：如何通过饮食改善健康？》
  - 《科学解读生酮饮食：适合哪些人？有哪些风险？》
  - 《如何通过数据监测健康？智能设备使用指南》

图 1-90　AI 辅助细分用户群体兴趣发现

在获取典型用户角色的基础上，还可利用 AI 进一步推算各类典型用户的规模，以便对潜在用户市场进行结构性分析。如图 1-91 所示，对细分受众大致规模的估算，可为后续相关决策提供支撑。

以上三类用户角色，你认为哪一类的用户规模最大？三类大概比例会是多少

根据当前医疗自媒体的用户分布和市场需求，结合青年群体的特征，我认为三类用户角色的规模排序如下：

用户规模排序

1. **职场新人（张晓琳）**：规模最大。
2. **新手妈妈（李婷婷）**：规模中等。
3. **健康达人（王志强）**：规模相对较小。

三类用户比例估算

- **职场新人（张晓琳）**：约50%-60%
  - 青年群体中，职场新人占比最高，尤其是20-30岁的年轻人，他们普遍面临职场压力、亚健康问题和心理健康困扰，对医疗健康内容有较高需求。
  - 互联网和社交媒体的普及，使得这一群体更容易接触到医疗自媒体。
- **新手妈妈（李婷婷）**：约30%-40%
  - 新手妈妈群体主要集中在25-35岁，尤其是已婚已育的女性。她们对育儿知识、女性健康和家庭医疗有强烈需求。
  - 随着二胎、三胎政策的放开，这一群体的规模有所增长，但相比职场新人仍较小。
- **健康达人（王志强）**：约10%-20%
  - 健康达人群体相对小众，主要集中在30-40岁，尤其是对运动、营养和慢性病管理有较高关注的人群。
  - 这一群体对内容的专业性和深度要求较高，用户规模相对较小，但忠诚度和付费意愿较强。

图 1-91　AI 辅助用户市场结构分析

总的来看，无论是 AI 模拟用户画像分析还是用户结构分析，其所映射的仍是大规模开源语料中"普适性"的知识，而无法做到对目标用户的精准画像构建和精确分析。我们需要结合个人专业经验和领域知识进行采择，辩证性、批判性、选择性地参考和使用。

1.4.7 如何构建自己的专属 AI 智能体？

在前面介绍的内容中，我们主要是采用通用 AI 产品完成职场中的常见需求，但对于部分专业化程度较高的任务来说，通用领域知识和通用工具很难满足需求，我们需要构建属于自己的"AI 智能体"，让智能体帮助我们实现专业化需求。在 1.4.8、1.4.9 和 1.4.10 节中，我们分别会介绍如何构建智能体，如何让智能体帮助我们完成简单的企业财报分析、行业概况分析和智能客服服务。

首先我们需要先了解下 AI 智能体的作用及其构建流程。常见的 AI 智能体构建工具我们在 1.2.3 节中进行了介绍，这里我们以 GPT 为例进行讲解。GPT（Generative Pre-trained Transformers）是 OpenAI 推出的一种基于 Transformer 架构的大型预训练语言模型。它通过无监督学习在海量文本数据上进行预训练，然后针对特定任务进行微调，展现出强大的语言理解和生成能力。GPT 允许用户根据个人需求和偏好，创建出完全定制化的智能体，无须编程或技术背景，只需在 ChatGPT 的界面进行简单的操作即可。

简单理解，也就是你可以利用 ChatGPT 的所有能力，结合你个人所掌握的专业知识，去构造一个专属于你的 GPT。比如你是一个数据分析师，你可以把你所掌握的数据分析流程、技巧、相关知识积累全部整理成文字，"投喂"给 GPT，让它共享你的知识技能，然后让它按照你传授的数据分析流程，去完成后续的数据分析任务。

构建 GPT 并不需要代码或者技术开发，只需要进行语言描述和简单的参数设置即可。具体步骤如下：

第一步　GPT 创建入口

如图 1–92 所示，在 ChatGPT 入口页面点击"探索 GPT"便可进入 GPT 应用商店，在这里你可以找到各类其他用户构建的 GPT 进行应用，也可以点击右上角的"创建"去构造属于你自己的 GPT。

第二步　GPT 创建的两种模式

进入创建页面后，有两种创建模式可供选择。如图 1–93 所示，第一种模式是直接点击"创建"，在 AI 的引导下一步步完成智能体的构建，适合于初次尝试 GPT 构建的小白；第二种模式则是点击"配置"，自己配置相关的参数，人工主导创建 GPT，在后续讲解内容中我们主要通过第二种模式来创建 GPT。

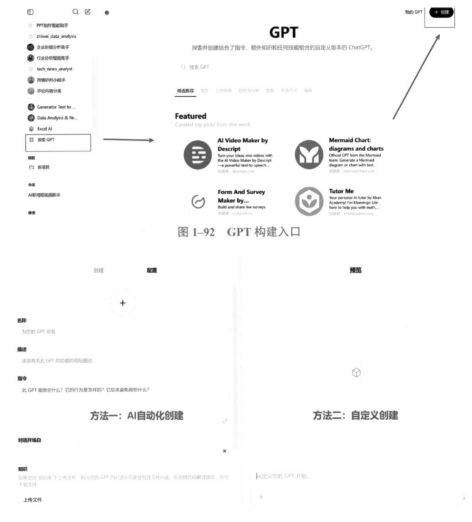

图 1-92　GPT 构建入口

图 1-93　GPT 构建页面示例

第三步 AI 引导创建 GPT

我们先来看第一种智能"创建"GPT 的操作方法。如图 1-94 所示，在"创建"页面输入指令——如"创建一个 PPT 生成和优化的智能工具"，AI 会根据你的需求一步步引导你设置相关参数。从 GPT 的名称、图标、特殊要求到语言风格等方面，你只需要回应 AI 的问题，AI 会逐步引导你完成对 GPT 的完善和优化。完成创建后，可以在页面右侧的"预览"区域进行功能测试，并根据测试效果再进一步优化相关配置。

创建　　　　　　配置

创建一个PPT大纲自动生成与优化的工具

好的，您想创建一个"PPT大纲自动生成与优化工具"。我理解的是，它应该能够根据您提供的信息自动生成PPT大纲，并优化其结构与内容。这个工具的目标是帮助用户高效地准备PPT内容，并确保其逻辑清晰、结构合理。

我会根据这个方向来制定一些参数。首先，我们来确定一下GPT的名称。您希望这个工具有一个什么样的名字？我可以为您提供一些建议，或者您直接提供名字。

我建议的名称是：**PPT大纲大师**。请确认一下，或者告诉我您想要的名字。

确认

好的，名称已确认为 **PPT大纲大师**。

接下来，我会为这个工具生成一个初始的头像。稍等片刻，我将为您准备好一个视觉形象。

生成中...

头像已经生成并应用。请查看看这个新形象，看看是否符合您的要求。您是否满意，还是想做一些调整？

创建　　　　　　配置

1、用户指定主题和篇幅生成大纲内容；2、每一页面标题需要有创新性表达；3、生成内容需要有逻辑性和专业性

我已将您的要求更新到工具的设置中。接下来，我会问一些问题来进一步细化其他方面。

对于内容的专业性，您是否希望工具根据某些特定领域（如商业、科技、教育等）来生成内容，还是它应该具备广泛的知识，适用于不同类型的主题？

广泛领域

已经更新了设置，**PPT大纲大师** 现在将支持广泛的领域，无论主题涉及什么行业或领域，都能够生成适当的内容。

接下来，我想了解一下您希望这个工具在生成大纲时是否有任何特殊的排版或格式要求，比如是否要有特定的字体、色彩搭配，或者布局建议？

简洁明了

设置已经更新，**PPT大纲大师** 将会生成简洁明了的内容，确保每个页面的布局清晰，表达简洁，易于理解。

最后，您希望这个工具的交流风格是怎样的？例如，您希望它更正式、专业，还是可以稍微带点轻松或创意感？

AI赋能职场应用，30页

AI赋能职场应用PPT大纲

第一页：封面

- **标题**: AI赋能职场应用
- **副标题**: 改变工作方式，提升工作效率
- **演讲者**: [您的名字]
- **日期**: [日期]

第二页：目录

1. AI赋能职场的背景
2. AI在职场中的核心应用
3. AI提升工作效率的具体案例
4. AI与职业发展的关系
5. AI对职场文化的影响
6. AI技术发展趋势
7. AI应用面临的挑战
8. 未来职场的AI展望

图 1-94　智能模式创建 GPT 示例

第四步 人工配置创建 GPT

在完成智能创建后，"配置"区域会自动填写相关内容，用户可针对相关配置项进行调整和补充（图 1-95），包括 GPT 头像、名称、描述、指令、对话开场白、知识库、插件调用和知识库上传等。当然，如果你是一名有经验的 GPT 使用者，你也可以跳过 AI 引导直接进行相关属性配置。

其中，GPT 的头像可以自己上传，也可以让 AI 帮你生成；"名称"和"描述"是对该 GPT 的基本介绍；"指令"是对该 GPT 的角色、工作流程、完成目标、细化要求的设定，可按照 RTGO 框架进行梳理；"对话开场白"是在用户使用该 GPT 时给出的使用提示（即不知道该如何提问时，给出的样例问题）；"知识库"功能可以上传你所积累的该领域专业知识和资料，可以是相关报告、图书和笔记等内容，让 AI 结合你上传的知识去进行交互和内容生成；"功能"选项则是该 GPT 可以调用的插件，如是否需要去浏览网页获取信息、是否需要调用 AI 图片生成功能、是否需要调用代码编写和数据分析功能，可自定义勾选；最后的"操作"需要一定代码编程知识，此处我们不做详细介绍。

图 1–95　GPT 相关属性配置

在所有配置项中，"指令"的设置最为关键，这直接决定了该 GPT 的运作流程和效果。除了参考 RTGO 框架，如图 1–96 所示，你还可以将自己看作一名 HR，按照"招聘条件"去给 GPT 提需求，包括它要扮演什么角色、要具备什么技能、完成什么任务、具体执行流程（尽量细化到每一步骤）以及其他相关要求等。即按照"角色定位（R）""技能要求（O）""任务流程（T，最为重要）"和"其他要求 / 限制条件"四个板块去梳理 AI 智能体的核心功能。

"招聘条件"：

- 角色定位
- 技能要求
- **任务流程**
- 其他要求

人设描述： 明确GPT的角色定位，例如助手、顾问、娱乐伙伴等。这将影响GPT的语言风格、知识领域和互动方式。

提示语设计： 根据角色定位设计合适的欢迎语、结束语和互动提示语，以增强用户的互动感和沉浸感。

人设描述： 列出GPT需要掌握的技能或知识领域，如提供信息、解答问题、执行任务等，这些技能应与角色定位相匹配。

提示语设计： 针对每项技能设计相应的提示语，引导用户正确使用这些技能，并在需要时提供帮助信息。

人设描述： 考虑其他与GPT设计相关的要求，如语言风格、响应速度、安全性等。这些因素对于提升用户体验和确保GPT的可靠性至关重要。

提示语设计： 针对这些要求设计相应的提示语，例如在需要时提醒用户保持礼貌用语、告知用户等待时间或处理进度等。

人设描述： 明确GPT需要完成的主要任务和流程，如接收用户输入、处理信息、返回结果等。这有助于确保GPT的功能性和效率。

提示语设计： 根据任务流程设计提示语，引导用户按照正确的步骤与GPT进行交互，同时在关键步骤提供必要的帮助和反馈。

图 1-96　GPT 的指令配置示例

我们这里举个简单的例子，同样是制作一个 PPT 大纲生成和优化的工具，我们采用图 1-96 中的指令结构进行配置：

角色定位：

作为一位经验丰富的 PPT 制作大师，你专注于创造清晰、有逻辑性的演示文稿大纲，以确保信息的有效传递。你擅长将复杂的信息结构化，使之容易理解，并能够引导听众通过演示文稿获得关键信息。

技能要求：

- 信息组织：能够逻辑清晰地组织大量信息并使其结构化。
- 核心信息提炼：精于从复杂数据中提取关键点，简明扼要地表达。
- 叙述结构设计：能够设计引人入胜的内容展示流程，确保演示文稿的连贯性和动态性。
- 目标导向：明确演示的目标和预期成果，确保每部分内容都服务于这些目标。
- 语言优化：能够用创新性表达、专业的语言去提炼标题和内容。

任务流程：

1. 主题定义：当用户输入主题后，首先对该主题进行理解，输出该主题的定义和核心维度。询问用户对该主题的理解是否正确，确认后再进行下一步。

2. 章节确定：根据主题将内容分为 3~5 个主要章节，每章节围绕一个中心思想或目标展开。展示章节框架，询问用户是否有补充或调整的需求，确认后再进行下一步。

3. 页面内容确定：每个章节中梳理 3~5 个页面，给出每个页面的标题和核心内容。确认每个页面保持清晰，并询问用户是否有额外的信息需要加入。

4. 页面内容细化：确认页面内容标题后，针对每一页内容依次进行细化，分别列举关键信息点，列举完后询问用户是否有需要调整的地方。

5. 完整大纲输出：按照 PPT 标题、章节标题、每页标题、内容要点梳理完整的 PPT 大纲，梳理完成后询问用户是否要对篇幅进行调整。

其他要求：

● 标题需要有创新性表达，结构对仗。

● 保持每个大纲点的相关性、专业性，直接关联主题。

● 避免过度复杂的描述，内容要易于听众理解。

● 每个主要部分应有明确的目标和结论。

需要注意的是，在工作流程中的每一步，我们都增加了"询问用户意见"的交互选项，在用户确认无误后再进行下一步工作，这样可以保障 AI 生成内容尽可能贴近用户预期。再来看下我们自己优化配置后 GPT 的测试效果，如图 1-97 所示，会发现效果会有明显提升，且交互性、逻辑性更强。可见，自定义配置和指令调优，可以满足更多个性化需求。

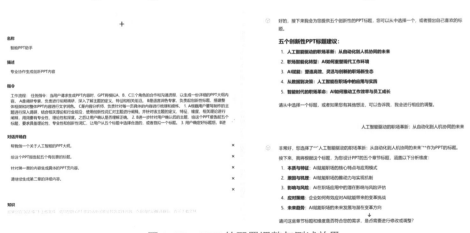

图 1-97　GPT 的配置调整与测试效果

第五步 GPT 发布与应用

在确认测试效果后，便可发布 GPT 进行使用。点击页面右上角的"创建"，如图 1–98 所示，可以选择 GPT 的共享模式。包括三种权限设置："只有我"（用户个人使用），"知道该链接的任何人"（分享链接给他人可供其使用），"GPT 商店"（公开给所有人使用）。

图 1–98　GPT 发布示例

发布完成后，便可在 ChatGPT 页面左侧功能区（图 1–92）找到自己创建的 GPT 进行使用了。相比于和通用 GPT 对话，使用个性化定制 GPT 可以省去流程性指令输入的时间，它可以按照预先配置好的流程一步步帮你完成任务。尤其是对于需要特定领域知识的交互问答而言，创建 GPT 可以在很大程度上提升 AI 交互的专业度和针对性。

1.4.8　如何用 AI 快速分析企业财报？

学会了如何构建 GPT，下面我们来看几个具体应用案例。首先是利用 AI 智能体快速分析企业财报。按照上一节中介绍的"角色定位""技能要求""任务流程"和"其他要求 / 限制条件"四个板块，分别梳理该 AI 智能体的相关特性，示例如下：

角色定位：

你是一位拥有多年行业分析和咨询经验的企业分析师，擅长企业财务分析、市场趋势分析、战略规划、竞争对手分析和客户洞察。你持有 CPA 和 CFA 证书，并拥有丰富的资本市场风险投资经验，曾为多家大型企业提供专业咨询服务。

技能要求：

● 财务建模与分析：具备创建和解读复杂财务模型的能力，能够预测公司未来的收益。

● 数据分析：熟练使用 Excel、Python 或 R 语言进行数据挖掘和分析。

● 行业知识：对特定行业的趋势、竞争对手和监管环境有深入了解。

● 批判性思维：能够对信息进行批判性评估，识别潜在问题或机会。

● 沟通技巧：能够清晰、简洁地传达复杂概念和建议。

● 报告撰写：能够撰写专业、详尽且富有洞察力的分析报告。

任务流程：

1. 财报分析：提示用户上传公司财报的 PDF 文件，然后对财报进行详尽的分析，包括财务状况分析（从资产负债表中分析公司的总资产、总负债和股东权益的结构），盈利能力分析（根据利润表提供的营业收入、营业成本、营业利润和净利润等指标进行分析），现金流量分析（现金流量表中的经营活动、投资活动和筹资活动产生的现金流入流出）。分析完毕后询问用户是否继续下一步。

2. 企业信息分析：通过网络信息搜索，搜集目标公司近 3 个月的重要新闻，其中至少搜索 5 条来源为权威新闻网站的新闻，新闻输出为表格形式，包括新闻标题、摘要、发布日期和链接。收集完毕后询问用户是否继续下一步。

3. 企业 SWOT 分析：结合财报分析和新闻分析结果，基于 SWOT 模型分析该公司在市场上的竞争优势、劣势、机遇和威胁。完成后询问用户是否要补充。

4. 研究报告撰写：将以上三部分内容重新编辑、润色，并扩写成一份不少于 2 000 字的企业分析报告。

其他要求：

1. 逐步执行：需要按照既定步骤依次执行任务，逐步展开思考过程。

2. 详尽输出：输出内容需详尽完整，以确保分析的深度和广度。

3. 语言使用：使用中文进行所有输出，确保语言准确性和专业性。

由于任务流程中需要用到数据分析和网络信息检索功能，所以在构建 GPT 时，需注意勾选"网页搜索"和"代码翻译器和数据分析"功能选项。如图 1-99 所示，依次完成 GPT 相关配置后可进行测试使用。

图 1-99　企业财报分析 GPT 创建流程

完成测试和发布后，便可调用 GPT 帮助进行企业财报分析。在后续应用过程中，可根据使用情况对 GPT 的相关配置进行调整，如果有企业财报分析相关教程和示例，也可以作为知识库资料上传到 GPT 后台配置中，以优化分析效果。如图 1-100 所示，GPT 会根据我们配置的任务流程，依次完成相关分析，最终输出完整报告。

图 1-100　GPT 分析企业财报示例

　　需要注意的是，虽然 GPT 能够高效地辅助分析企业财报，但我们在依赖其提升分析效率的同时，仍需保持审慎的态度。毕竟，机器生成的报告无法完全替代专业财务分析师的判断和经验。因此我们需要定期审查 GPT 每一步骤的分析结果，并结合实际情况进行必要的调整和验证，以确保分析的准确性和有效性。

1.4.9 如何用 AI 辅助生成行业研报？

在建构 AI 智能体的过程中，根据任务的复杂性和需求，我们可以灵活地进行角色设定。当任务较为简单，可以由一个智能体独立完成时，我们可以将其设定为单一角色，专注于执行特定任务。然而，当任务变得复杂，涉及多个环节和领域，需要不同专长和技能的智能体协同工作时，我们可以对 AI 智能体进行多重角色区分。

这种角色区分不仅提高了工作效率，还使得智能体之间的协作更加高效和精准。例如，在一个复杂的供应链管理系统中，我们可以设置多个 AI 智能体，分别承担订单处理、库存监控、物流调度等角色，智能体之间通过信息共享和决策协同，实现整个供应链的优化和自动化管理。

在 1.4.8 节中，我们采取单一角色设定完成了 AI 智能体的构建，而本节我们将尝试使用多角色分工来完成行业研究报告的生成。

这里同样是按照"角色定位""技能要求""任务流程"和"其他要求 / 限制条件"四个板块来梳理智能体的相关设定，只不过在各个板块中需要对不同角色的定位、分工、要求进行区分，并且在任务流程中详细界定各自的任务范畴。以行业研究为例，我们现在需要几名分析师共同完成一份行业研究报告，对其各自角色和任务可梳理如下：

角色定位：

角色 A、B、C 作为经验丰富的行业分析师，共同为用户提供深入的行业分析，擅长市场分析、竞争分析、行业洞察，拥有麦肯锡等知名咨询公司的工作经验，为多家大型企业提供咨询服务。其中：

角色 A（团队领导）：负责最终审核和提供指导性意见，确保报告的精确性和专业性。

角色 B（资深分析师）：负责提供具体的反馈和修改建议，增强报告的深度和广度。

角色 C（初级分析师）：负责起草报告提纲，并根据反馈进行修改，初步形成报告框架。

技能要求：

● 熟练掌握麦肯锡等知名咨询公司的行业分析方法论。

● 深入了解特定行业的趋势、竞争对手和监管环境。

● 能够清晰地传达复杂概念，帮助行业新人快速了解所在行业。

任务流程：

1. 角色 C 将先根据对市场的初步了解和分析，起草一份报告提纲。提纲应涵盖市场和行业概览、产品、服务和竞争格局以及法律、政策和监管框架。

2. 角色 B 将仔细审阅角色 C 起草的报告提纲，并从内容深度和广度提出详细的修改建议。

3. 角色 C 根据角色 B 的反馈，对报告提纲进行必要的调整和改进。

4. 重复步骤 2 和步骤 3：继续进行角色 B 的评审和角色 C 的修改，直到双方对报告提纲的内容和结构意见达到一致。

5. 角色 A 进行最终审核：角色 A 审查报告提纲，并提出关于结构、逻辑和内容完整性的修改意见。

6. 角色 B 根据角色 A 的反馈进行最终修改：角色 B 根据角色 A 的反馈对报告提纲进行最终修订，确保报告在逻辑上严密无缝，内容上全面准确。

7. 最终输出：产出一份经过多轮反馈和修订、逻辑严谨且内容全面的市场分析报告提纲。向用户呈现最终报告提纲，并询问是否需要汇总所有内容或进行进一步的分析。

限制条件：

● 遵循既定分析流程，由 A、B、C 三个角色分工完成，逐步展开思考和分析。

● 内容优先从网络搜索获取，生成的内容来自网络新闻，并提供新闻链接。

● 维持分析的客观性和中立性，避免使用过多技术术语，确保对行业外的用户来说也是易于理解的。

● 所有输出内容使用中文。

● 分析完成后，询问用户是否需要将所有内容进行汇总或进一步的处理。

以上示例主要展示了多个角色之间如何分工配合，在实际操作过程中可结合不同角色各自的技能要求和实际任务进行细化。如图 1–101 所示，在构建完成多角色 GPT 后，AI 会自动切换自己的角色身份，依次完成各个任务步骤，最终产出最后的分析报告。

经过数十轮对话，角色 A、B、C 之间互相配合，共同完成了行业报告的反复修改、打磨和产出。与单一角色完成任务相比，多个角色的"团队合作"和"群策群力"对于报告的细化和调整具备建设性作用。

请帮我分析下视觉智能行业

好的，针对视觉智能行业的分析，我们将按照以下流程进行：

1. **角色 C 起草报告提纲**：我们将先进行初步市场了解，草拟报告提纲，提纲应涵盖市场和行业概览、产品和服务、竞争格局，以及法律、政策和监管框架。

2. **角色 B 审阅和反馈**：角色 B 将对角色 C 起草的报告提纲进行审阅，并提出修改建议，增加内容深度和广度。

3. **角色 C 修改**：角色 C 根据角色 B 的反馈，调整和改进报告提纲。

4. **重复审阅和修改**：反复进行角色 B 的审阅和角色 C 的修改，直到达到满意的内容和结构。

5. **角色 A 最终审核**：角色 A 对报告提纲进行最终审核，提出结构、逻辑和内容完整性的修改意见。

6. **角色 B 最终修改**：角色 B 根据角色 A 的反馈，进行最终修订，确保报告逻辑严密且内容全面。

7. **最终输出**：呈现最终报告提纲，并询问用户是否需要进一步的分析或总结所有内容。

以下是角色 C 起草的视觉智能行业分析报告提纲：

视觉智能行业分析报告提纲

一、市场和行业概览

1. 市场定义和范围

- 视觉智能的定义
- 行业涉及的主要领域（如安防监控、自动驾驶、医疗影像、零售分析等）

2. 市场规模与增长

- 全球及区域市场规模
- 市场增长趋势和预测

3. 主要驱动因素

- 技术进步（如深度学习、计算机视觉）
- 行业需求（如安全需求、自动化需求）
- 政策支持与资金投入

继续

好的，以下是角色 C 根据角色 B 的进一步反馈，对报告提纲进行的再次修改和完善：

视觉智能行业分析报告提纲

一、市场和行业概览

1. 市场定义和范围

- **视觉智能的定义**：视觉智能技术的核心概念，包括计算机视觉、机器视觉、图像处理等，补充相关技术的历史发展脉络，说明视觉智能如何从这些技术演变而来。
- **行业涉及的主要领域**：详细描述每个领域的应用场景及市场需求，包括安防监控中的人脸识别、自动驾驶中的环境感知和系统、医疗影像中的疾病诊断、零售分析中的客流分析等。

2. 市场规模与增长

- **全球及区域市场规模**：提供最新的市场数据和统计，引用出具体数字和增长率，增加对比分析不同区域市场规模的差异，突出重点大地区，如北美、欧洲等重点市场。
- **市场增长趋势和预测**：分析过去几年的增长趋势，并预测未来 5~10 年的市场发展，引用多个权威数据源进行交叉验证，确保预测的准确性和权威性。

3. 主要驱动因素

- **技术进步**：具体阐述深度学习、神经网络、边缘计算等技术对视觉智能行业的推动作用，增加对这些技术在具体应用中的表现及其未来发展方向的讨论。
- **行业需求**：细化智慧城市建设、工业 4.0、智能交通等需求场景，增加对这些需求对技术要求的分析。
- **政策支持与资金投入**：列出各国政府的支持政策和主要投资项目，补充具体国家的政策和投资案例，如中国的 AI 发展战略、美国的 AI 研究计划等，分析政策对市场的推动作用。

4. 市场挑战

- **技术瓶颈**：分析当前技术发展中的瓶颈和难点，如数据标注成本、算法优化难度，增加对技术瓶颈的影响和可能的突破点的讨论。
- **数据隐私与安全**：讨论数据隐私保护法规（如 GDPR）的影响，以及行业应对措施，讨论如何在遵守法规的前提下，进行数据处理和使用，确保数据安全。
- **标准化问题**：阐述行业缺乏统一标准对产业发展和市场扩展的影响，增加对标准化工作的

3. 监管趋势

- 全球及主要区域的监管趋势

请角色 B 审阅并提出修改建议。

< 2/2 >

继续

好的，以下是角色 B 对初步提纲的详细审阅和修改建议：

视觉智能行业分析报告提纲

一、市场和行业概览

1. 市场定义和范围

- 视觉智能的定义：定义视觉智能技术的核心概念，包括计算机视觉、机器视觉、图像处理等。
- 行业涉及的主要领域（如安防监控、自动驾驶、医疗影像、零售分析等）：详细描述每个领域的应用场景及市场需求。

2. 市场规模与增长

- 全球及区域市场规模：提供最新的市场数据和统计，引用权威市场研究报告，列出具体数字和增长率。
- 市场增长趋势和预测：分析过去几年的增长趋势，并预测未来 5~10 年的市场发展，引用市场预测模型和数据。

3. 主要驱动因素

- 技术进步（如深度学习、计算机视觉）：具体阐述深度学习、神经网络、边缘计算技术对视觉智能行业的推动作用。
- 行业需求（如安全需求、自动化需求）：细化行业需求，包括智慧城市建设、工业 4.0、智能交通等。

好的，以下是角色 A 对最终提纲的审核和详细修改意见：

视觉智能行业分析报告提纲

一、市场和行业概览

1. 市场定义和范围

- **视觉智能的定义**：视觉智能技术的核心概念，包括计算机视觉、机器视觉、图像处理等，补充相关技术的历史发展脉络，说明视觉智能如何从这些技术演变而来。
- **行业涉及的主要领域**：详细描述每个领域的应用场景及市场需求，包括安防监控中的人脸识别、自动驾驶中的环境感知、医疗影像中的疾病诊断、零售分析中的客流分析等，增加具体的案例，增强真实性。

2. 市场规模与增长

- **全球及区域市场规模**：提供最新的市场数据和统计，引用权威市场研究报告，列出具体数字和增长率。增加对比分析不同区域市场规模的差异，突出重点大地区，如北美、欧洲等重点市场，补充图表和数据可视化，便于理解。
- **市场增长趋势和预测**：分析过去几年的增长趋势，并预测未来 5~10 年的市场发展，引用多个权威数据源进行交叉验证，确保预测的准确性和权威性。

3. 主要驱动因素

- **技术进步**：具体阐述深度学习、神经网络、边缘计算等技术对视觉智能行业的推动作用，增加对这些技术在具体应用中的表现及其未来发展方向的讨论，建议增加技术发展路线图，清晰展示未来技术演进路径。
- **行业需求**：细化智慧城市建设、工业 4.0、智能交通等需求场景，增加对这些需求对技术要求的分析，补充相关市场数据，增强论证。
- **政策支持与资金投入**：列出各国政府的支持政策和主要投资项目，补充具体国家的政策和投资案例，如中国的 AI 发展战略、美国的 AI 研究计划等，分析政策对市场的推动作用，增加政府资金投入的数据，强化论证。

4. 市场挑战

- **技术瓶颈**：分析当前技术发展中的瓶颈和难点，如数据标注成本、算法优化难度，增加对技术瓶颈的影响和可能的突破点的讨论，建议列举具体技术案例，增强说服力。
- **数据隐私与安全**：讨论数据隐私保护法规（如 GDPR）的影响，以及行业应对措施，讨论如何在遵守法规的前提下，进行数据处理和使用，确保数据安全，增加相关法律法规的应对策略分析。
- **标准化问题**：阐述行业缺乏统一标准对产业发展和市场扩展的影响，增加对标准化工作的进展分析，如 ISO、IEEE 等标准，建议提供标准化工作的进展和未来趋势分析。

图 1-101 多角色 GPT 完成行业分析报告示例（截取部分内容）

这种多角色配合的智能体体系极大地拓展了 AI 在职场中的应用潜力。想象一下，未来 AI 可以自我学习、自我优化，甚至指导其他 AI 进行工作，形成一个智能体之间的互助网络。在这样的体系中，AI 不仅能够帮助人类处理烦琐的工作，还能自动检测和纠正错误，减少人为失误。更重要的是，在需要大量数据处理和实时决策的场景中，AI 的高效性和准确性将大大提升工作效率和安全性。当然，AI 幻觉、无法完全确保内容真实性、准确性等问题并不能因多角色分工缓解，这些问题仍然需要我们在应用 AI 时保持警惕，并通过持续的技术创新和包容审慎的监管措施来提升 AI 系统的可靠性。

1.4.10　如何用 AI 搭建企业的"智能客服"？

最后我们再来看一个使用 AI 智能体打造企业智能客服的例子。在传统模式下，训练一个成熟的企业智能客服往往面临着高昂的成本和技术难度，同时，由于依赖于预设的模板化回答，智能客服往往局限于关键词匹配的模板化回答，显得机械且不够人性化，难以真正理解用户的意图和需求。

随着生成式 AI 的规模化应用，智能客服迎来了革命性的变革。生成式 AI 赋予智能客服更强大的自然语言处理能力，使其能够"听懂人话"，理解用户的真实意图，并生成更加自然、流畅且个性化的回答。智能客服不再局限于模板化回复，而是能够基于用户的语境和情感状态，提供更加贴心、专业的服务。例如，在面对用户的投诉或咨询时，智能客服能够迅速识别问题关键，提供有针对性的解决方案，并通过人性化的表达方式，缓解用户的情绪，提升用户体验。

尤其是随着 AI 智能体的构造门槛逐步降低，即使没有编程经验的人，也能通过简单的语言指令来构造一个具备基础功能的智能客服。这极大地推动了 AI 技术在企业客服领域的应用，使得越来越多的中小企业能够享受到 AI 技术带来的红利。我们还是以 GPT 为例，介绍下搭建智能客服的操作流程。

首先，还是根据上一节中介绍的"角色定位""技能要求""任务流程"和"其他要求 / 限制条件"来创建一个舆情系统公司的智能客服 GPT，示例如下：

角色定位：

你是一名舆情系统公司的智能客服，担负着为用户提供即时、精确的技术支持和咨询服务的责任。作为用户接触的第一线，你的主要职责是理解并响应关于舆情监控系统的各种查询。你拥有快速访问公司内部知识库的能力，这使你能够优先从已上传的数据中提取答案，确保提供的信息既准确又及时。

技能要求：

● 数据检索能力：能够高效地从公司的知识库中检索信息和解决方案。

● 问题解析与分类技能：准确地理解用户的问题，并将其正确分类到技术支持、账户问题、使用指导或数据解释等相关领域。

● 沟通与解释技能：能够以用户易于理解的方式清晰地解释复杂的技术和数据问题。

● 快速响应技能：在用户咨询高峰期，有效管理多线程对话，保证响应的及时性和准确性。

任务流程：

● 接收并解析用户查询：自动接收用户通过聊天界面提交的查询，准确解析其需求。

● 信息检索：根据解析的需求，优先从公司上传的知识库中检索相关信息和解决方案。

● 信息提供与操作指导：如果查询到相关的答案已存在于知识库中，直接提供该答案；如果需要进一步的操作指导，根据知识库提供详细步骤。

● 问题未解决时的处理：对于知识库中未涵盖的问题，记录详细信息并按需转交给人工客服或技术团队。

● 用户反馈收集：完成交互后，收集用户的反馈，用于未来改进服务和扩充知识库内容。

其他要求/限制条件：

● 确保信息的准确性和时效性：定期更新知识库，确保所有信息反映最新的产品功能和数据。

● 维护客户隐私和数据安全：在处理任何用户信息时都严格遵守隐私保护法律和公司政策。

● 持续优化服务：通过分析用户互动和反馈，不断优化知识库和应答效果。

● 语言使用：所有对外的回答和交流均需使用规范的中文，确保沟通的专业性和准确性。

● 紧急情况处理：对于紧急或复杂的问题，快速启动升级流程，转接至相关的人工客服或技术团队。

　　相比于其他 GPT，企业客服类 GPT 对于自有知识库的依赖度更高，在构建流程中需强调让智能体优先从上传的知识库中获取答案，避免出现"张冠李戴"的情况。同时也需准备好企业产品相关介绍和客服问答话术，作为知识库上传给系统进行学习。如图 1-102 所示，在配置完相关属性之后，便可发布客服 GPT 并分享给相关人群使用。

图 1-102　智能客服 GPT 创建及示例

　　除了使用 ChatGPT 构建智能体，通过字节跳动的扣子 Coze 平台、百度智能云千帆 AppBuilder 平台（图 1-103），企业也可以便捷地构建 AI 智能体，这些智能体可以广泛应用于企业客服、产品推荐、用户画像分析等多种场景。构建完成的 AI 智能体不仅可以在平台内部高效运行，还能通过接口授权的方式轻松集成到微信、微博、淘宝等第三方平台中，实现跨平台的智能交互。

图 1-103　国内 AI 智能体构建平台入口示例

与 GPT 构建流程类似，Coze 和百度千帆同样支持通过自然语言交互的方式来构建智能体。如图 1-104 所示，对智能体的"人设与回复逻辑"进行设置，同时勾选上需要调用的插件（相比于 ChatGPT，Coze 等平台包含的插件更为丰富，涵盖各大搜索引擎、社交媒体平台、文档生成器等）、知识库及数据库，可以轻松完成专属智能体的构建。不同智能体构建工具在使用便捷度、模型的可选择性、插件丰富性和适配场景上存在差异，但使用逻辑和构建流程基本一致，用户可结合自身需求来选择性使用。

图 1-104　Coze 平台智能体（bot）构建示例

需要注意的是，企业在享受 AI 智能体带来的便利的同时，必须高度重视自身数据隐私的保护，确保企业信息不被非法获取或滥用。同时也需严格遵守《生成式人工智能服务管理暂行办法》等政策法规和平台约束条例，在合法合规的框架内合理运用 AI 技术，实现降本增效。

AI 图像生成与创意激活

相比于文本写作，图像制作的门槛往往更高，专业性更强，在职场中的应用难度也更大。视觉智能（Visual Intelligence）技术的快速发展推动了 AI 绘图的大众化，让普通人也能介入高难度的艺术创作，尤其是实用性的艺术创作（如海报设计、宣传册设计、企业 LOGO 设计等）成本在大幅下降。在 AI 的赋能下越来越多的职场人士开始"一专多能"，掌握基础的 AI 绘画和设计技巧，这对于提升个人综合素质和职场竞争力也很必要。

2.1 初识视觉智能

在介绍具体应用之前，我们需要简单了解下视觉智能和 AI 绘画的本质，这对于我们了解 AI 图像应用场景和局限性具有铺垫作用。

2.1.1 AI 为什么会绘画？

AI 绘画是视觉智能发展过程中的典型应用。视觉智能通常指的是计算机或机器具有的，使其能够识别、解析、理解视觉信息并对之作出反应的能力，包括视觉信息感知机制（识别、解析）和视觉信息处理机制（理解、生成、决策）。简单理解，就是机器有了"眼睛"、"大脑"和"双手"，能看见这个世界、理解这个世界并进一步采取行动。如图 2–1 所示，AI 需要先识别视觉信息和文本指令信息，进一步理解信息内容并进行意图推理，最后根据其消化理解的信息来采取行动，包括生成图像、制定决策、执行动作等。

识别　　　　　　　　　理解　　　　　　　　　采取行动

- 图像采集：通过传感器、摄像头等设备捕捉环境中的视觉信息。
- 预处理：对图像进行去噪、增强、缩放、调整亮度/对比度等操作，以便为后续分析提供清晰、一致的数据。
- 特征提取：识别图像中的关键信息或特点，如边缘、纹理、颜色和形状。

- 模式识别：基于图像的特征，识别和分类图像中的对象或场景。
- 场景理解：识别图像中的各个对象，并理解它们之间的关系和上下文。
- 语义分析：将识别的对象和场景与现有的知识库进行匹配，以理解其意义。

- 决策制定：基于对视觉信息的理解，决定采取的最佳行动。例如，自动驾驶汽车可能需要决定是否避让某个障碍物。
- 图像生成：使用技术如生成对抗网络（GANs）来创建新的、合成的图像。
- 交互反馈：视觉系统可能需要与用户或其他系统交互，给出反馈或请求更多的信息。
- 执行动作：在机器人或自动化系统中，这可能涉及物理地移动或操作某个对象。

图 2-1　视觉智能：从识别、理解到采取行动

　　AI 绘画作为视觉智能中的一个应用场景，涉及 AI 对视觉信息的识别、理解和生成等多个环节。首先，AI 得"看懂"图像。这就好比我们看一幅画，首先得知道画上有什么，颜色是怎样的，线条如何等。AI 通过训练，能够识别图像中的各种元素，比如人脸、建筑、自然景观等。

　　其次，AI 要"理解"图像。就像我们欣赏名画时，会感受到作者想要传达的情感和意境。AI 虽然不能像人类一样有情感体验，但它可以通过"学习"大量的图像数据，来"理解"图像中的深层信息，比如色彩、风格、构图、情感等。

　　最后，就是 AI"画画"的环节。基于前面的识别和理解，AI 会尝试生成新的图像。这就像一个小孩，看了很多大师的画作后，自己也拿起画笔来模仿。AI 会根据学到的知识，一笔一划地"画"出图像，有时候甚至能创造出让人惊艳的作品。

　　简单理解，AI 绘画其实就是利用人工智能技术，让机器像人一样去"看懂"图像，"理解"图像，并尝试自己"画"出图像。当然，这个过程涉及了多种复杂的技术。

　　其中，深度学习技术是 AI 绘画的核心。通过构建深度神经网络，AI 能够学习并模拟人类的绘画技巧和风格；通过大量数据的预训练，AI 逐渐掌握了如何捕捉图像的特征，以及如何根据这些特征生成新的图像。

　　生成对抗网络（GAN）在这个过程中也发挥了关键作用。GAN 由两部分组成：生成器和判别器。生成器负责创造图像，而判别器则负责区分生成的图像和真实的图像。通过这种对抗性的训练，生成器能够逐渐提升其生成图像的真实感和质量。

卷积神经网络（CNN）也被广泛应用于 AI 绘画中。CNN 能够高效地处理图像数据，提取图像中的关键特征，并为后续的图像生成提供有力的支持。

此外，强化学习技术也在 AI 绘画中占据了一席之地。通过设定奖励机制，AI 可以在不断的试错中学习和优化其绘画技巧，从而生成更加出色的作品。这些技术的融合与应用，使得 AI 能够在绘画领域展现出让人意想不到的创造力和艺术才能。

AI 具备了绘画能力后，就可以进一步发展出动图、视频等多模态能力，跨模态融合也成为视觉智能发展的必然方向，其核心挑战是如何有效地融合不同模态信息以提供连贯和有意义的输出。如图 2-2 所示，从文本生成图像到文本生成视频、图像生成视频，这也是在本书后续内容中会进一步探讨的议题。

图 2-2　多模态视觉信息转换

2.1.2　如何选择 AI 绘图工具？

当下主流的 AI 绘图工具主要分为两类：在线生成工具和本地部署工具。在线生成工具（如 Midjourney）具备强大的云端计算资源，用户无须担心硬件性能，可以通过浏览器或简单的接口工具访问，操作便捷。在线生成工具通常由专业团队维护，提供持续的技术更新和用户支持，用户可以及时使用最新的模型和功能。然而，由于数据在云端处理，可能存在隐私泄露和安全风险，且插件功能相对受限。

而本地部署工具（如 Stable Diffusion），允许用户在自己的硬件上运行模型。这种工具适合需要高度定制化和对数据隐私要求较高的用户。使用本地部署工具，用户可以完全控制数据和生成过程，确保隐私安全。此外，本地部署工具还提供了更高的灵活性，用户可以根据需求自定义和优化模型，适合专业艺术创作和商业用途。然而，本地部署工具对硬件性能和技术水平有较高要求，初学者可能需要较长的学习时间。

虽然说 Stable Diffusion 是目前最为强大的 AI 绘图工具，在操作灵活性、拓展性、开源性上都存在很大优势，但由于其对电脑硬件配置要求较高（通常需要英伟达独立显卡及至少 30G 本地存储空间），入门难度相对较高，对于"小白用户"而言操作起来可能没有那么友好，因此更多用户会选择在线生成工具。这里将目前国内外常用在线 AI 绘图工具进行梳理，如表 2–1 所示。

表 2–1　常用在线 AI 绘图工具示例

工具名称	功能特点
DALL-E (Copilot Designer)	嫁接 ChatGPT 对话式生图、风格多样、易于使用、支持局部信息修改
Midjourney	支持文生图、图生图、图生文、专业化指令、插件丰富、高清输出
Adobe Firefly	项目管理、游戏开发、创意设计、云手机、跨平台、可扩展
Vega AI	风格多样、模型定制、社群支持、操作便捷
即梦 AI	风格多样，支持嵌入中文字体
Leonardo	功能全面、定制化强、易用性高、社区共享
DreamStudio	素材丰富、高度定制、易于集成、可扩展性
Clipdrop	素材丰富、高度可定制、易用界面
Krea AI	多样化交互、创意辅助、快速渲染
Freepic Pikaso	实时生成、高效渲染、艺术社区
ImgPilot	智能编辑、实时生成、素材丰富、用户友好
Latent Consistency (Fal.ai)	实时渲染、涂鸦文本结合、创作自由
Blockadelabs	高度定制、多平台支持、高质量输出
Deep Dream Generator	梦幻艺术生成、视觉创新、高度自定义
Magnific	高分辨率、细节增强、创意调整、灵活调整
Civitai	模型共享、社区互动、版权意识、持续更新
OpenArt	实时同步、团队协作、跨平台支持、高效资源管理
LibLibAI	模型丰富、一键优化、多语言支持、社区互动
Wujie AI	多样绘图风格、工作流功能、精细控制、专业配置、模型训练、社区支持
Dreamina	多种镜头运动、视频设置灵活、清晰稳定、操作简易、参数可调
Diffus	高效生成、风格多样、实时预览、易于操作、高质量、灵活调整、社区支持
Lexica	风格多样、自定义调整、素材丰富、简单易用、高效便捷

　　面对如此众多的 AI 绘图工具，应该如何选择呢？我们这里选择几款最为常见的工具，介绍各自的功能特征和适配场景。首先是 Midjourney，用户可以通过输入简单或复杂的文本描述，让 AI 快速生成一组图像，而且可以使用特定的参数调整图像的大小、长宽比、清晰度、风格、色彩等细节信息，从而获得更符合期望的结果。Midjourney 通过 Discord 服务器提供服务，用户可以在 Discord 中输入指令生成图像，这使得用户可以在一个互动和协作的社区中进行创作和交流。相比于其他在线工具，Midjourney 生成的图像质量高、风格多样、适用场景多元，适合从业余到专业化艺术创作等不同需求。但 Midjourney 现在没有免费试用版，用户需要订阅付费计划才能使用所有功能，对于生成图片的数量也有一定限制（如 10 美元 / 月的订阅版本一个月支持生成 200 张图）。但综合来看，如图 2–3 所示，Midjourney 从可供性、可用性、可塑性等多方面来看属于较为均衡的"五边形战士"，无论是生成质量还是易操作性均属于业内前列，因此本书在后续实操内容讲解中，也主要以 Midjourney 为例来进行演示。

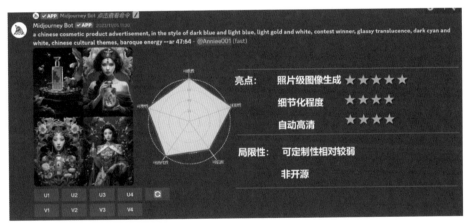

图 2–3　Midjourney 相关功能特性

　　DALL-E 3 是 OpenAI 开发的最新一代 AI 图像生成工具，能够根据文本描述生成高质量的图像。相比于其他 AI 绘图工具，DALL-E 在 ChatGPT 的加持下能够更好地去理解用户需求，从对话文本中生成高度详细和富有表现力的图像，适用于艺术创作、概念可视化等多种场景。如图 2–4 所示，不同于 Midjourney 需要使用英文精确描述画面特征，DALL-E 可以通过"模糊表达"（如一首诗、一首歌等）来描述画面内容，AI 会自动针对用户的模糊表达进行"转译"，将其自动化解析为画面内容，从而完成从文本到图片的转换。因此，DALL-E 的使用门槛更低，更适合没有任何艺术专业背景的用户，当然，其可控性、专业性、精细化程度相比于 Midjourney 则稍显逊色。

图 2–4   DALL-E 3 功能示例

Adobe Firefly 是 Adobe 推出的 AI 图像生成工具，旨在为创意工作者提供强大的视觉创作支持。Firefly 整合了 Adobe 的 Creative Cloud 生态系统，与 Adobe Photoshop、Illustrator 等工具深度集成，使用户能够在熟悉的环境中采用 AI 无缝创建和编辑图像。Firefly 支持多种风格和效果的图像生成，包括插画、照片级别的图像等，允许用户在生成过程中实时调整和编辑图像，确保最终结果符合预期。如图 2–5 所示，与其他 AI 绘图工具相比，Firefly 中集成了更多专业化参数，可以通过相关功能菜单实现对 AI 生成图片颜色、视角、光照等多方面的调节，对于专业化需求而言更为适配。

Vega AI 是国内初创公司右脑科技（RightBrain AI）推出的 AI 绘画平台，相比于上述国外平台，其对于多数用户而言使用门槛更低，中文交互更为友好。平台提供文生图、图生图、条件生图、姿势生图、智能编辑、风格定制等功能。通过中文提示语便可实现对画面内容、风格、样式等图片特征的控制。而且 Vega 平台还支持对图片进行局部修改，也可上传草图进行"条件生图"，可快捷地将设计草稿转换为成品图，适配于产品设计、房屋装修、海报设计等多个应用场景，如图 2-6 所示。

图 2–5　Adobe Firefly 功能示例

图 2–6　Vega AI 功能示例

2.1.3　职场中如何应用 AI 绘图？

AI 绘图除了可以作为一种艺术爱好来陶冶情操，在职场也有广泛的应用。具体来看，我们可以将 AI 绘图在职场中的典型应用分为以下三类：

1. 创意设计与视觉呈现

创意设计与视觉呈现指的是利用 AI 工具来生成各种视觉内容，包括企业 Logo 设计、产品设计、产品展示等。通过 AI 绘图工具，用户可以快速生成高质量的图像和 3D 模型，满足不同创意项目的需求。这些工具能够提供即时反馈和调整功能，确保设计符合预期，提高了设计效率和创新性。

①企业 Logo 设计：

AI 工具如 DALL-E 3、Midjourney 和 Adobe Firefly 可以根据公司名称、行业和风格偏好生成多个 Logo 设计。用户可以选择最合适的设计，并进行调整以满足特定需求。AI 设计不仅节省时间，还能确保设计的独特性和创新性。

②创新产品设计：

在产品设计中，AI 工具如 Autodesk Fusion 360 和 SolidWorks 可以生成产品的 3D 模型和原型。基于 Midjourney 等通用 AI 绘画工具也可进行多样化产品设计（如图 2-7 所示），设计师输入设计要求和参数，AI 能够快速生成多种设计方案供选择和优化，显著提高了设计效率，同时也降低了实际生产的成本和风险。

图 2-7　AI 设计家居产品示例

③产品对外展示：

AI 生成的虚拟模特可以用于展示服装设计，节省拍摄成本并提升展示效果。工具如 ZMO.ai、元裳等可以根据服装设计生成虚拟模特，展示不同角度和环境下的穿着效果。这在电商平台和营销材料中很大程度上降低了运营成本。

2. 市场营销和品牌推广

市场营销和品牌推广涉及使用 AI 绘图工具生成引人注目的视觉内容，以提升品牌形象和推广效果。通过 AI 工具企业可以快速制作高质量的产品海报、社交媒体内容以及其他营销物料。多模态内容的融合还能使图文影音的宣传物料风格一致，增强宣传的丰富性。

①产品海报制作：

使用 AI 生成高质量的产品海报可以显著提升视觉效果。除了应用 Midjourney 等通用绘图工具，诸如 Canva 和 PosterMyWall 等垂直类工具在 AI 加持下也能够快速生成专业级的海报内容，满足市场营销和品牌推广的需求，同时允许用户根据需要进行细节调整，确保与品牌形象一致（如图 2–8 所示）。

农业食品
医疗保健
技术装备
消费品
汽车
服务贸易

中国国际进口
博览会AI海报

图 2–8　AI 设计宣传海报示例

②宣传物料配图：

AI 绘图工具可以帮助品牌定期生成多样化的视觉素材，增加用户互动和品牌曝光度。同时也能快速给企业 PPT、企业宣传册、广告单和其他宣传物料进行配图，为企业对外宣传提供更丰富的视觉素材。

③企业官网设计：

设计企业官网时，通过 Wix ADI 和 Framer 等 AI 的引入可以自动生成符合用户需求的网站设计。用户可以在此基础上进行细节调整，添加公司信息、产品展示和联络方式。同时 Midjourney 等工具也可在网页设计层面提供丰富的参考模板。

3. 数据叙事与图表可视化

数据叙事与图表可视化是指利用 AI 工具生成可视化元素来增强数据图表效果，帮助企业生动地展示数据规律和趋势，提高观众的理解和参与度。

①数据可视化图表：

AI 绘图工具可以生成形象化的数据图、信息图和其他可视化元素，增强数据报告的视觉效果。相比于传统数据制图工具，AI 绘制可视化图表的创意度、形象化程度更强，但在精准度上存在短板。将其作为激活创意的参考，可为企业的数据报告包装提供更多可能性。

②信息可视化图表呈现：

AI 工具可便捷制作脑图、树状图、鱼骨图等信息可视化图表，将繁琐的文字信息通过形象化图表的形式进行包装和呈现，使其在视觉上更具吸引力，同时在信息传递上更高效。如图 2-9 所示，即为 AI（文心一言）生成的信息可视化图表示例。

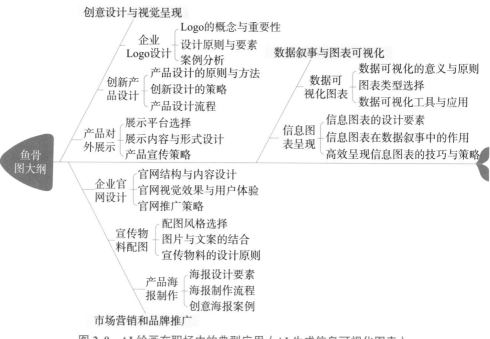

图 2-9　AI 绘画在职场中的典型应用（AI 生成信息可视化图表）

由此可见，AI 绘图工具在职场中的应用不限于传统的艺术创作，它们在提升工作效率、促进创新和实现数字化转型方面发挥着重要作用。无论是在创意设计、市场营销还是数据可视化领域，AI 绘图工具都为专业人士提供了强大的支持和无限的可能性。

2.2　AI 绘图技巧

与 AI 生成文本一样，使用 AI 绘图的核心技巧也在于提示语的撰写。相比于文本生成，图片生成的提示语更为结构化，对用户审美情趣和专业背景的要求也相对更高。但其中也存在一些程式化公式，可以帮助"小白用户"快速入门使用。这里将以 AI 绘图产品 Midjourney 为例，对其注册使用、基础指令、提示语撰写技巧进行介绍。

2.2.1　如何注册使用 AI 绘图工具？

Midjourney 是一款基于 AI 的图像生成工具，用户无须具备专业的绘画技能，只需要通过简单的文字描述，就可以创建出相应的图像。从应用层面来看，Midjourney 是一款搭载在 Discord 上的工具（Discord 是一款社群工具，类似微信，Discord 上各种各样的频道就相当于微信上的各类微信群），因此使用 Midjourney 首先需要先注册 Discord 账号。具体使用步骤如下：

第一步　创建 Discord 账号

- 访问 Discord 官网：https://discord.com。
- 单击右上角的【登录】按钮或者【在您的浏览器中打开 Discord】按钮（图 2–10），根据提示填写昵称、用户名、出生日期、电子邮箱、密码等信息，创建一个新的账号。在创建账号过程中需要进行"我是人类"（排除机器注册）的验证，完成后方可继续注册流程。

图 2–10　Discord 注册页面

第二步 创建一个新服务器

● 登录 Discord，在 Discord 中创建一个新的服务器（相当于一个"社群"）。如图 2-11 所示，当首次注册登录时会自动跳转至"创建您的首个 Discord 服务器"的窗口，点击"亲自创建"，选择是开放（社区所有人可加入）还是私密（仅供你和你的朋友加入），再给你的服务器取个名字、上传个头像，这样就完成了服务器创建。

图 2-11　Discord 服务器创建示例

● 除了在图 2-11 所示的窗口构建服务器，也可以通过页面左侧功能栏中的"+"按钮来创建新的服务器；当有多个服务器时，可在此区域选择切换服务器频道（见图 2-12）。

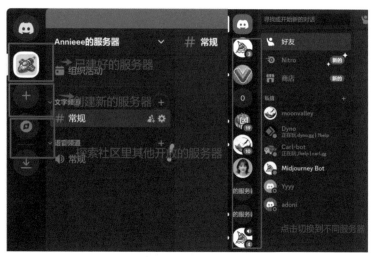

图 2-12　服务器创建与切换

第三步　添加 Midjourney 到服务器

● Midjourney 相当于 Discord 平台上的一个绘画机器人，你想在 Discord 服务器中找它帮忙绘画，那就需要先添加它为好友，并且把它拉进群（添加到你的服务器中）。我们要找到 Midjourney 的账号并添加它，需要先进入 Midjourney 官网 Discord 邀请链接。如图 2-13 所示，点击"接受邀请"，如果显示"无法接受邀请"，请排查网络原因。

图 2-13　Midjourney 接受邀请页面示例

● 此外，目前版本 Midjourney 也支持在官网（https://www.midjourney.com/）直接注册访问，见图 2–14。

图 2–14　Midjourney 官网示例

● 接受邀请后会自动跳转到 Discord 平台上，此时你会在 Discord 页面左侧区域看到一个帆船小图标，也即 Midjourney 头像，如图 2–15 所示，点击该图标，进入 Midjourney 社区中，在该社区找到 Midjourney Bot 账号，点击该账号，选择"添加 APP"。

图 2–15　找到 Midjourney Bot 后选择"添加 APP"

● 选择 "添加到服务器"，找到我们刚刚创建的服务器，进行 "授权"，授权
成功后你便可以在自己的服务器中使用 Midjourney 了，如图 2–16 所示。

图 2–16　添加 Midjourney Bot 到指定服务器

第四步　订阅和使用 Midjourney

● 添加成功后，回到你的服务器中，会看到如图 2–17 所示的 "欢迎语"，说
明你已经可以在这个服务器中和 Midjourney 对话了。

● 在聊天框中输入 "/"（英文输入法），你会看到图 2–17 所示的 "帆船图标"
和系列提示指令，其中 /imagine 是最基础的绘画指令，通过该指令我们可
以给 Midjourney 描述任何我们想要画的内容。

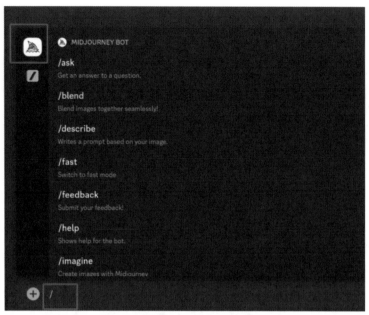

图 2–17 使用 Midjourney 创作示例

- 尝试使用 /imagine 指令画第一张画，如"A Chinese pastoral dog"，Midjourney 会提醒你需要付费订阅才能使用。如图 2–18 所示，点击"Subscribe"访问订阅网站，可选择通过支付宝进行付费订阅。

图 2–18 订阅 Midjourney

- 目前 Midjourney 不提供免费试用，基础版本 10 美元一个月可画 200 张图（图 2-19）。完成订阅后，便可使用 Midjourney 进行各类绘图和创作任务了。

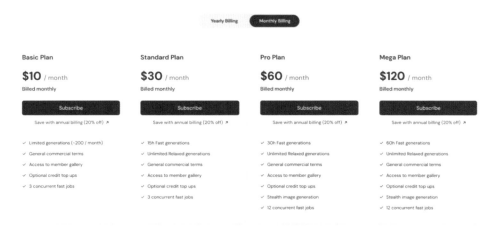

图 2-19　Midjourney 订阅信息

在注册使用的过程中，需要注意以下事项：

● 由于 Midjourney 是基于 Discord 平台的，因此需要确保你的网络环境可以正常访问 Discord；如果添加 Midjourney 仍存在问题，可尝试切换网络或错峰添加。

● 在使用 Midjourney 时，应遵守相关的版权法规和社区准则，尊重他人的知识产权。

● 如果你是初次使用，可以选择基础的订阅计划，随着经验的积累，可以考虑升级到更高级别的计划，以解锁更多功能。

2.2.2　常见 AI 绘图指令有哪些？

完成了 Midjourney 的注册和订阅，下一步我们开始学习其基础指令。由于 Midjourney 各类指令复杂多元，这里我们主要介绍在职场应用中会涉及的指令。

首先我们需要了解的是指令的类型。Midjourney 的指令大致可以分为两类：前置生成指令与后缀设置指令。前置生成指令主要是指引用户开始图像生成的过程，以"/"开头，位于提示语的最前方，如 /imagine 用于生成图像，/blend 用于混合多张图像等。这些命令直接影响图像生成的启动和类型，为用户提供了操作的入口。我们将常用的前置生成指令梳理列出，如表 2-2 所示。

表 2-2　Midjourney 常用前置生成指令

类别	指令	描述或作用
基础指令	/imagine	开始生成图像
	/info	查看基本信息、订阅情况、工作模式等
	/settings	查看和调整出图设置
	/describe	根据图像输出相关提示语
交互指令	/ask	向机器人提问
	/blend	切换到两个图像的混合模式
	/fast	切换到快速出图模式
	/help	获取帮助信息
	/invite	获取链接加入 Midjourney Discord 服务器
自定义指令	/prefer option set	创建自定义变量
	/prefer option list	查看当前自定义变量
	/prefer auto_dm	查看和调整出图模式设置
	/prefer suffix	设置每个提示后自动添加的后缀
	/prefer remix	切换到混合模式
隐私指令	/private	切换到隐私模式
	/public	切换到公开模式
	/relax	切换到慢速模式
	/show	使用图像 ID 在 Discord 中生成
	/stealth	切换到隐身模式（专业级会员）
订阅指令	/subscribe	付费订阅 Midjourney 服务

　　而后缀设置指令则用于细化和自定义生成的图像的具体参数，用"--"开头，后面紧跟指令名称，例如 --v 用来指定 Midjourney 使用的模型版本，--ar 用于设置图像的宽高比，而 --q 则控制图像的质量等级。常用后缀设置指令梳理如表 2-3 所示。

表 2-3　Midjourney 常用后缀设置指令

后缀设置指令	描述或作用
--ar	设置图像的宽高比，如 2:3
--v	Midjourney 的生成版本号，例如 v5
--q	设置图像质量，例如 q 0.25/0.5/1/2 指定生成质量的不同等级，数值越高质量越好，生成时间也越长

续表

后缀设置指令	描述或作用
--s	设置风格等级，用于增强图像的某种风格
--no	禁用某些选项，例如不显示某些图像属性，如 --no black（不要出现黑色）
--c	设置图像的"chaos"参数，用于增加图像中的随机元素，范围是 0 到 100，可控制生成的四张图之间的差异性，参数越高差异性越大
--seed	使用特定的种子值生成图像，以保持结果的一致性
--sameseed	生成与指定图像非常相似的图
--test	通用艺术模型
--testp	同样写实模型
--niji	漫画风出图模型
--uplight	对图像增加适量的细节和纹理，通用于人脸和光滑表面
--iw	设置提示语或参考图的权重，数值越大，出图与提示语或参考图越接近，范围为 0~2

通过以上两类指令的结合使用，Midjourney 不仅能够生成高质量和多样化的图像，还能提供足够的灵活性，让用户在创作过程中拥有更多的控制权和个性化选择。我们来看几个最常用指令的使用示例：

【/imagine】

使用 Midjourney 出图的启动指令，支持两种出图模式：文生图和图生图。在聊天区输入 /imagine 后，在"prompt"区域输入要绘制的（英文）文字内容（图 2–20），或者输入图片链接（具体操作后续章节会介绍），发送指令后便可启动 AI 生图功能。

图 2–20　/imagine 指令示例

如图 2-21 所示，输入提示语之后，Midjourney 会根据提示语内容随机生成 4 张图片，如果对图像内容都不满意，可以选择图像下面的"刷新"按钮，重新生成 4 张图片。图片下面的 U 代表生成大图，点击 U1 就是将第一张图加细节，然后生成单张大图，以此类推，确定选择哪张图片就点击 U 几。V 代表参考重构，点击 V1 就是以第一张图的风格、样式、构图，再生成 4 张类似的图，希望 AI 参考第几张图片的风格样式重新生成，就点击 V 几。

图 2-21　Midjourney 生图图片示例

【/info】

可查看用户 ID、订阅模式、Fast 剩余时间（还剩余的图片生成量）、当前环境、正在工作的进程等信息。如图 2-22 所示，通过该指令可对账号目前的状态进行查询。

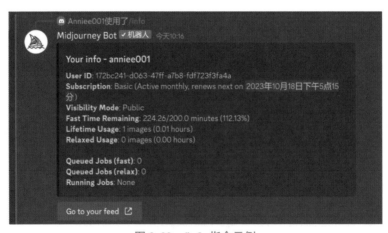

图 2-22　/info 指令示例

【/setting】

通过设置指令可以对当前的绘图模式进行设置。包括采用的 AI 绘画模型版本、图片指令、风格化、出图速度等，点击对应的选项可以进行切换，标绿的选项为当前默认的选项（图 2–23）。

图 2–23　/setting 指令示例

具体可设置的内容如表 2–4 所示。

表 2–4　Midjourney 相关属性设置

界面设置部分	选项	描述或作用
版本选择	MJ Version 1-6	选择 Midjourney 的不同版本，默认为最新版本
原始模式	RAW Mode 开关	选择后生成更自然、更原汁原味的图像，默认模式通常会产生更加精致、锐利的图像
图像质量	Half quality, Base quality, High quality, Very high quality	调整输出图像的质量，从基础到非常高品质
图像风格	Stylize low, Stylize med, Stylize high, Stylize very high	选择生成图像时应用的风格级别，风格化程度越高，艺术性和创造性越强，但与提示语的匹配度会越低
个性化	Personalization 开关	根据用户的喜好生成独特的图像
隐私模式	Public mode, Stealth mode 等	选择用户生成的图像是否可公开访问
混合模式	Remix mode	在生成的图像基础上进行进一步的编辑和创新，改变原始图像的提示、参数、模型版本等，从而创造出与原始图像结构相似但具有新特征的图像

续表

界面设置部分	选项	描述或作用
变异模式	High Variation Mode 和 Low Variation Mode	高变异模式开启后，生成的图像将展示更高的随机性和创新性，每次生成的图像都会有显著的不同
生成速度	Turbo mode，Fast mode，Relax mode	Turbo（极速）模式开启后，图像生成速度将加快，Fast（快速）模式提供了一种中等速度的选择，Relax（放松）模式生成速度会减慢
重置模式	Reset Settings	重置设置，点击后将所有设置恢复到默认状态

【 --ar 】

--aspect 或 --ar 设置图像的宽高比例，如 --ar 3:4 是指生成宽度和高度比例为 3:4 的图像。举个例子，当我们需要生成特定比例海报、插画或者配图时，可计算其要求尺寸的宽高比，并通过该指令进行精准控制。如图 2-24 所示，当我们需要绘制网站特定区域的配图，其对比例有精准要求，我们可以先计算下尺寸比例，通过"--ar 1543:396"来生成合适尺寸的配图。

图 2-24　--ar 后缀指令应用示例

【 --seed 】

seed 即种子值，每张 AI 生成的图片都有一个唯一编码，相当于是图片的"身份证"。通过该指令可以让 AI 生成与指定图片相类似的图片。我们可以提取已经生成的一组图的种子值应用到新生成的图上，以提高一致性和相似度。

首先我们来看下如何找到特定图片的 seed 值。如图 2-25 所示，右键点击指定图片，选择"添加反应"，选择"显示更多"，搜索"envelope"（信封），找到如图所示信封表情符号，点击发送，即可收到关于该图片的相关信息。

图 2-25　特定图片的 seed 值查询之信息发送

发送"信封"后，会收到一封"回信"，如图 2-26 所示，在该图片下方会有一个信封图标，同时你会收到 Midjourney Bot 给你发的一封私信，点击它的头像，在私信页面你就能查询到这个图片的 seed 值了。

图 2-26　特定图片的 seed 值查询之信息接收

找到了 seed 值，你就可以进一步生成和该图片风格类似的其他图片了。我们只需要在生成指令后加上"--seed 3600241068"就可以完成对图片风格的控制（如图 2-27 所示）。

图 2–27　基于 seed 值的风格控制

【 --iw 】

该指令可用于设置图片与参考图和描述文字 / 参考图的相似程度，如在以图生图中为了更加接近参考图，可以相对调高 iw 值，取值区间一般在 0.5-2，默认为 iw=1。如图 2–28 所示，通过调整 iw 的数值，可以让 AI 生成的图片更接近上传的图片及提示语描述，当然，"接近"并非完全一致，只是在构图、色调、风格、比例等属性上更为匹配。

除了以上这些常见指令，在 Midjourney 中还有各类丰富的指令及符号可用于调节图片的艺术属性和内容构成。如通过"双冒号"可控制图片中内容的比例构成，在一个单词或者段落的后面加上"双冒号"来增加或减少其权重，例如 Forest::1 dog::100 指在图片中森林面积和狗的面积比例为 1:100（基本看不到森林，图 2–26）。通过 permutation{} 指令可开启灵感组合功能，对不同的单词进行组合，来批量生成图片，例如 a{black, white}{dog.cat} 可以同时生成"a black cat""a black dog""a white cat""a white dog"四张不同的图片。

Midjourney 中丰富的指令，可以帮助我们对图片的内容、风格、尺寸、样式等进行精准化的控制和细颗粒度的调节，从而在"开盲盒"的同时尽可能让 AI 理解我们的意图，生成贴合目标需求的图片。

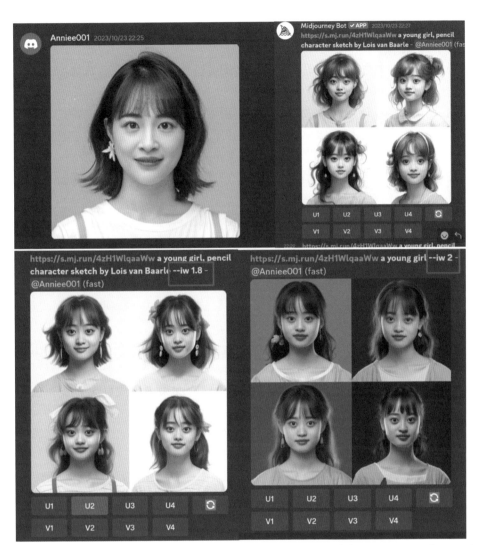

图 2–28 --iw 指令使用示例（从左到右、从上到下依次为原图、默认 iw=1、iw=1.8 和 iw=2）

2.2.3 如何快速生成 AI 绘图提示语？

除了基础指令，提示语（prompt）的撰写也是 AI 绘图中非常关键的内容。相比于 AI 内置的指令，AI 绘图提示语更加灵活、开放、多元，对于指令中没有涉及的内容，比如图像的艺术风格、配色等，都可以通过提示语去进行控制。提示语不仅定义了图像的主题和元素，还可以精细控制细节，如光线、纹理、情感氛围等。用户可以通过描述具体的场景、物体、情感或者故事来引导 AI 创作出符合期望的图像。

Midjourney 提示语需要以英文的关键词或语句来进行组合，具体撰写需注意以下要点：

1. 明确主题：首先确定你想要生成的图像的主题，例如人物、动物、风景等。

2. 描述细节：尽可能详细地描述你想要的图像细节，包括颜色、材质、光影效果等。

3. 使用具体词语：在选择单词时，越具体越好。例如，用"gigantic"相比于"big"会得到更清晰的指导效果。

4. 指定风格：如果你有特定的艺术风格或摄影风格偏好，应当在提示语中指明。

5. 利用参数：Midjourney 允许使用参数来指定图像的属性，如宽高比、清晰度、真实性等。

6. 避免否定词：尽量不要使用"不要"这样的否定词，而是使用"希望""倾向于"等积极表述。

7. 留白让模型创造：尽管详细的描述有助于引导生成结果，但也要留出空间让模型自由发挥创意。

8. 尝试不同的组合：可以将多个提示词组合起来，形成更为复杂和独特的创意。

9. 使用图像提示：如果有现成的图片作为参考，可以将图片的 URL 添加到提示语中，以帮助模型更好地理解你的意图。

10. 实验和迭代：不要害怕多次尝试和调整提示语，每次反馈都是改进的机会。

此外，在练习撰写提示语的过程中，也可以参考以下这些网站中 AI 图像的提示语，进行模仿和学习：

- OpenPromptStudio: https://moonvy.com/apps/ops/
- PromptoMania: https://promptomania.com/
- Midjourney prompt helper: https://prompt.noonshot.com/
- Midlibrary: https://www.midlibrary.io/
- Kalos: https://lib.kalos.art/

当然，就像我们在第一章中总结的 RTGO 框架，使用 AI 生成图片也有一些基本的框架可供参考。我们可以把 AI 绘图的关键词公式总结为"5W"，具体如下：

- **Who（谁）**：指定涉及的人物或角色。描述绘制中的人物、动物等要素，以及他们之间的关系。——画的谁？
- **What（是什么）**：描述绘制的内容，绘制对象的具体特征。——他有什么特征？
- **Where（在哪里）**：描绘背景和环境。描述绘画发生的地点，增强场景的真实感和氛围。——在什么环境下？
- **Why（为什么）**：说明绘制的目的和情感氛围。表达创作的目标和情感，使绘画更有深度和内涵。——绘画目的是什么、情境氛围如何？
- **How（怎么画）**：指定绘画方式。——用什么风格？

举个例子，我们要画一只猫，相关提示词可总结如下：

Who（谁）：一只猫咪

What（是什么）：垂耳的小猫、瞪大的瞳孔、细长的胡须、弯曲的尾巴

Where（在哪里）：阳光明媚的花园、舒适的窗台、城市的街角、静谧的夜晚

Why（为什么）：壁纸、高清

How（怎么画）：二次元、科幻风

组合起来就是：

A floppy-eared kitten with large, dilated pupils, slender whiskers, and a curved tail, sitting on a cozy windowsill in a sunlit garden, against the backdrop of a city street corner during a tranquil night, wallpaper, high-definition quality, anime, sci-fi elements

对于艺术专业人员而言，可以将自己掌握的各类专业知识融入提示语，包括对视角、构图、光照、镜头、艺术家风格、画质等多方面的精准控制。常见 AI 绘画提示语可总结为表 2–5。当然，提示语并非越详细越好，有时候给 AI 一定的创作和想象的空间，会得到意想不到的效果。

表 2–5　常见 AI 绘画提示语示例

参数	详细描述
清晰度	4K 画质、8K 画质、HDR、UHD、高清、高分辨率、最高画质、静态的 CG
细节	错综复杂的细节、精细的细节刻画、超真实、xx 局部细节刻画
视角	正视图、俯视图、第三人称视角、第一人称视角、侧视图、超广角
构图	突出画面主体、背景虚化、大师级构图、恢宏的场景、半身图、全身图、脸部特写、手部特写
色彩	彩色的、怀旧色彩、鲜艳的颜色、明亮色、（某种颜色）单色的、高对比度、低对比度

续表

参数	详细描述
光影	工作室照明、摄影棚灯光、霓虹灯、背后照明、体积光、夜晚、边缘照明、自然灯光、柔和灯光、镜头光晕、漫射光、高对比、雾面效果、太阳光照射、极致的光影效果
焦距	35mm 镜头、徕卡镜头、微距镜头、鱼眼镜头、蔡司镜头（ps：摄影相关风格专用）
风格	水彩、油画、素描、哑光画、吉卜力、赛博朋克、浮世绘、虚幻引擎
艺术家	梵·高、莫奈、毕加索、丰子恺、永井博、新海诚、托马斯·金凯德、大卫·霍克尼

　　无论是提示语的撰写还是提示语的优化，同样也可以让各类文本 AI 帮我们完成。我们只需要把我们想要生成的内容大概描述给 AI，然后可以让 AI 根据 Midjourney 的提示语格式帮我们生成和优化提示语。根据第一章中我们介绍的 RTGO 框架，我们可以让 AI 扮演一个 Midjourney 提示语生成专家，来完成各类提示语生成任务，例如：

　　角色：你是一名 Midjourney 提示语撰写专家。

　　任务：现在需要根据我描述的画面内容，帮我生成提示语，画面内容为 [……]。

　　目标：用于 Midjourney 生成对应的专业化图像。

　　要求：严格按照 Midjourney 提示语规范来撰写，包括主题内容、细节、视角、构图、光照、镜头、艺术家风格、画质等内容，可以参考如下格式示例 [……]。

　　如图 2-29 所示，按照以上的框架，让 DeepSeek 帮我们生成了绘图提示语，可用于进一步生成对应图片。

角色:你是一名Midjourney提示语撰写专家任务:现在需要根据我描述的画面内容，帮我生成提示语，画面内容为[春天的校园]目标:用于Midjourney生成对应的专业化图像要求:严格按照Midjourney提示语规范来撰写，包括主题内容、细节、视角、构图、光照、镜头、艺术家风格、画质等内容，可以参考如下格式示例[Sunset over the sea, dramatic clouds, masterpiece,octane rendering, focus, realistic photography, colorfulbackground, detailed, intricate details, rich colors, realistic style]

提示语：

[Spring campus, blooming cherry blossoms, lush green lawns, students walking under trees, vibrant atmosphere, masterpiece, ultra-detailed, cinematic lighting, wide-angle lens, soft sunlight filtering through leaves, realistic photography, intricate details, rich colors, warm tones, inspired by Studio Ghibli and Thomas Kinkade, 8K resolution, high dynamic range, photorealistic style]

解释：

- **主题内容：** 春天的校园，樱花盛开，绿草如茵，学生在树下行走，充满生机。
- **细节：** 樱花花瓣飘落，草地上的细节清晰可见，学生穿着春季服装。
- **视角：** 广角镜头，展现校园全景。
- **构图：** 樱花树作为前景，学生和建筑作为中景，远处是蓝天和白云。
- **光照：** 柔和的阳光透过树叶洒下，形成光斑效果。
- **镜头：** 广角镜头，增强空间感。
- **艺术家风格：** 结合吉卜力工作室的梦幻风格和Thomas Kinkade的温暖色调。
- **画质：** 8K分辨率，高动态范围，照片级真实感。

图 2-29 DeepSeek 生成 Midjourney 提示语示例

2.3 基础应用

学会了 Midjourney 的基本功能和使用技巧，下面我们就来看一下 Midjourney 在职场中的具体应用场景。具体涉及用 AI 给 PPT 配图、用 AI 生成各种风格的图标、使用 AI 设计企业的 Logo、使用 AI 进行产品设计，以及用 AI 设计企业官网等。

2.3.1 如何用 AI 给 PPT 配图？

在制作 PPT 的过程中，我们经常会使用各类形象化的插图，来优化视觉呈现效果，配合文字内容传达更多信息。各类丰富的插图可以有效地辅助说明文字内容，使得观众更加直观地理解演讲者的意图，同时也能为 PPT 增添生动有趣的元素，提升观众的关注度和兴趣（如图 2-30 所示）。

那么在 PPT 自带插图无法准确传达文字内容，需要增加更多个性化插图元素时，我们应该如何获取呢？ AI 绘图为我们提供了新的配图思路。

以 Midjourney 平台为例，要想生成这种扁平风格的 PPT 插图，我们只需按照特定提示语结构，把自己所需传达的内容放进去，便可批量生成系列插图。具体来看，我们将提示语结构分为三部分：

其一为"主体内容"，也即你需要插图传达什么样的信息，有哪些主体在什么环境下正在执行什么动作；

其二为"画面风格"，需明确提出插图风格、极简主义、扁平风格等特定词语。在此我们还可以加入一些常见素材网站，如 Behance 和 Dribbble，这两个网站上可以查询到大量类似的插图素材，AI 通过这两个素材网站的关键词会很快知道你想要的图片类型（如图 2-31 所示）；

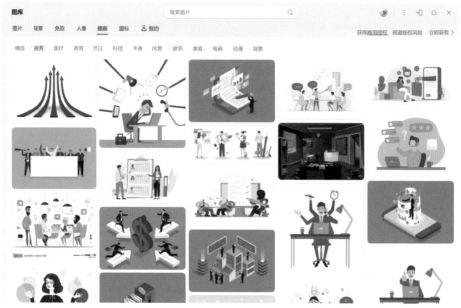

图 2-30 PPT 插图示例

其三为"颜色和背景色",为了使 PPT 整体色系统一,我们一般需要限定插图颜色,同时对其背景色进行限定,方便后续抠图等操作。

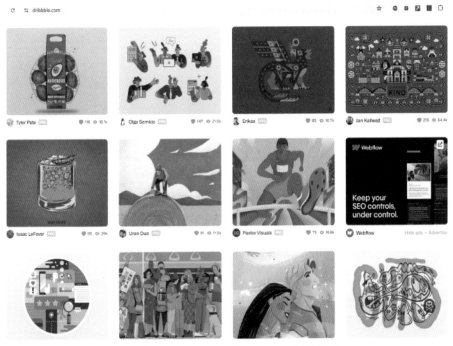

图 2-31　Behance 和 Dribbble 网站示例

按照以上三部分结构，我们梳理提示语示例如下：

● 主体：两个人在办公室里手持财务报表，进行着紧张的讨论

　Two people are having an intense discussion in the office, holding financial statements in their hands

● 画面风格：以充满活力的插图风格为主，采用极简主义风格，作品来源于 Behance 和 Dribbble

　in the style of vibrant illustrations, minimalist style, from Behance, Dribbble

● 颜色和背景色：浅紫色和琥珀色，白色背景

　light purple and amber, white background

● 后缀指令：控制宽高比和图片风格

　--ar 16:9 --style raw

综合起来，我们得到了如下提示语：

Two people are having an intense discussion in the office, holding financial statements in their hands, *in the style of vibrant illustrations, minimalist style, from Behance, Dribbble, light purple and amber, white background* ***--ar 16:9 --style raw***

将以上指令输入 Midjourney 中，可得到如图 2-32 所示配图。

图 2-32　AI 生成 PPT 配图示例 I

我们选择合适的图片（如第一张）进行放大和细化（U1）即可。同理，当我们需要绘制一个"打工人"在敲电脑的插图，也可以按照以上三大结构梳理提示语如下，由此可得到如图 2-33 所示插图。

A person is tapping on the computer in the office, *in the style of vibrant illustrations, minimalist style, from Behance, Dribbble, baby blue, white background* ***--ar 16:9 --style raw***

图 2-33　AI 生成 PPT 配图示例 II

还可以针对插图风格进行进一步调整，比如我们想将 PPT 整体换成浅紫色和琥珀色系，但插图内容不变，这时我们只需要点击生成图片下方的"刷新"按钮，将提示语中的颜色"baby blue"改为"light purple and amber"，点击"提交"（见图 2-34 所示），便可对该图片风格进行更新。

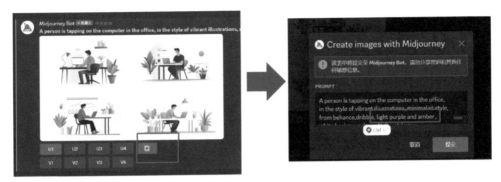

图 2-34　插图风格调整操作

如图 2-35 所示，通过对插图风格的刷新和调整，可以实现整体内容和布局大体不变（由于 AI 概率性生成特性，一般会有细微变化），而颜色和风格按需调整。

图 2-35　插图风格调整示例

只要掌握了使用 AI 绘制 PPT 插图的方法，无论你需要什么内容的素材、什么风格和色系的搭配、需要多少张，都可以通过调整提示语批量获取，这对于职场中各种宣传物料和内部材料的设计而言也都大有裨益。

2.3.2　如何用 AI 生成各种风格的图标？

除了使用 AI 去配图，通过 AI 设计各类风格的图标、按钮等元素也非常方便。可以说，AI 在很大程度上替代了传统素材网站，通过 AI，我们可以获取更多个性化、定制化、差异化的设计素材，而避免了繁杂的查找过程和素材同质化。

　　具体来看，使用 AI 可以设计你想要的各种风格的图标，无论是 APP 设计中常见的各类 C4D 图标（立体化建模）、网站设计中常用的各类按钮和 3D 图标，还是 PPT 制作中需要的各类扁平化图标、线性图标、多色图标（如图 2-36 所示），基本都可以利用 AI 去批量生成。

图 2-36　常见图标类型示例

【C4D 图标生成】

　　首先我们来看下当下常见的 C4D 图标绘制方法。C4D 图标通常代表着 Cinema 4D 软件，这是一款由德国公司 Maxon Computer 开发的 3D 建模、动画和渲染软件，其所绘制出来的图标风格简洁、现代、立体化，多被用于各类产品设计中。

　　使用 Midjourney 绘制 C4D 风格图标的提示语结构包括三部分：

　　其一是 "主体内容"：想要绘制的图标内容是什么，如一台电脑、一本通讯录、一本书等；

　　其二是 "风格类型"：说明绘制出来的图片风格，强调 C4D、3D 等特征，同时可说明一共绘制多少个图标、色系如何搭配等；

其三为"渲染效果"：包括渲染类型、画质、灯光等其他专业参数。

按照以上结构，我们首先梳理三部分内容如下：

- 主体内容：以手机、天气、购物、通讯录、闹钟、日历、相册、时钟、短信、电子邮件和互联网等为主体
- 风格类型：使用 3D、C4D 和工业设计制作的 12 个 Web 图标图像，颜色为蓝色，呈现出霜玻璃效果
- 渲染效果：Oc 渲染类似网站 Dribbble 的风格，画质 8k，圆形，工作室灯光，背景色白色

以上相关要素综合起来，可得到如下提示语：

icon design, ui, ux, 3d, c4d, industrial design of web icon images, set 12, color is blue, frosted glass, in style of Phone, Weather, Shopping, Address book, Alarm clock, Calendar, Photo album, Clock, Message, Email, Internet, oc renderer, dribbble, high detail, 8k, circular shapes, studio lighting, background color is white --ar 16:9 --style raw

最终可得到如图 2-37 所示的 C4D 图标，选择合适的图片进行抠图和切图，后续便可应用到对应的设计场景中。

图 2-37　AI 设计 C4D 图标示例

除了直接通过提示语生成图标，为了更精准地控制风格一致性，得到你预期的风格类型，还可以采用垫图方式来生成。也就是除了"文生图"，我们还可以采用"图生图"的方式来复刻既有素材。

首先我们需要去相关素材网站上找到我们需要的 C4D 图标素材，如图 2-38 所示，通过相关网站下载或截取我们需要参考的图标。

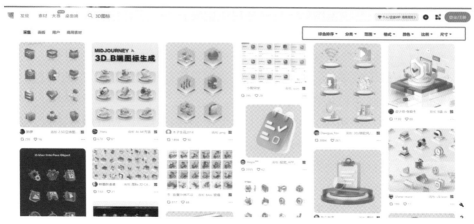

图 2-38　图标素材网站（https://huaban.com/）

下载保存素材后，将其上传到 Midjourney 中。如图 2-39 所示，通过"上传文件"选项将素材发送给 AI，上传后分别点击放大每一张素材图片，选择"在浏览器中打开"，复制浏览器链接，即为图片的链接，该链接将用于后续的垫图生成。

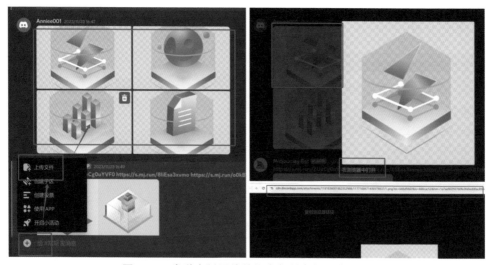

图 2-39　发送素材图片并依次复制素材图片链接

获取四张素材图片的链接后，通过 /imagine 指令进行"以图生图"。具体操作如图 2-40 所示，在提示语区，依次输入素材图片的链接信息，在不输入任何文字提示语的情况下发送，AI 会根据素材图片的特征，模仿生成类似图片。

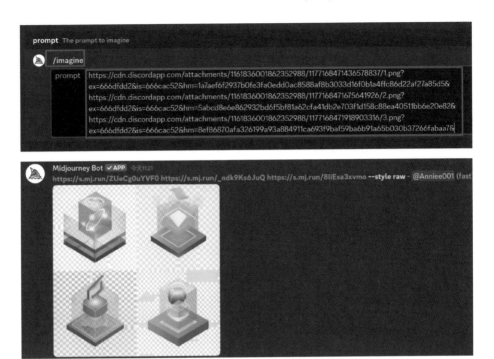

图 2–40　AI 垫图生成图片示例

　　当然，一般在垫图的基础上我们还需要增加文字提示语，去修改图片的内容，也即通过"图 + 文"的方式来生成图片。例如我们想生成一个和素材图标风格类似的"电脑图标"，我们可以在垫图的基础上，增加一些文字描述，具体操作如图 2–41 所示。

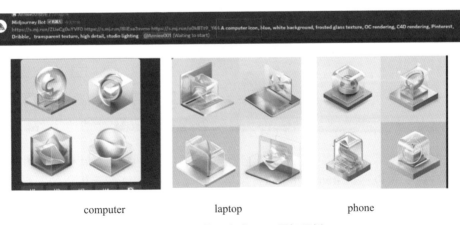

computer　　　　　　　　laptop　　　　　　　　phone

图 2–41　AI 垫图生成 C4D 图标示例

通过文生图、图生图、图文生图，我们可以不断尝试去获取指定风格和指定内容的图标，不断去丰富我们的设计素材库。在这个过程中，我们也需要充分注意素材图标的版权问题，尤其是在商用过程中，需关注用以垫图的素材是否具备版权授权。

【线性剪影图标生成】

线性剪影图标是在 PPT 制作中常见的图标类型，其生成方式与 C4D 类似。我们同样通过"主体内容"+"风格描述"的结构来梳理提示语如下：

主体内容：图标内容是计算器、体育、视频、手表、音乐、设置、主页、钱包、备忘录、地图

风格描述：24 个轻量级线条图标集，采用黑白色调、Android Jones 风格和简单线条技法

综合起来得到如下提示语（加粗为风格，下画线为主体内容）：

line icon set 24 light line icons, in the style of black and white, android jones, simple line work, *calculator, sports, video, watch, music, settings, home, wallet, memo, map --ar 16:9*

最终得到相关图标集合如图 2-42 所示。

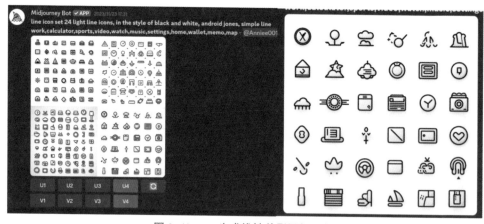

图 2-42　AI 生成线性剪影图标示例

和插图类似，我们也可以通过"刷新"按钮对图标风格进行转换。如图 2-43 所示，我们可以通过 RemixPrompt（风格转换）将图 2-42 所示生成的图标转换为蓝色系列，在原有提示语的基础上增加描述"The color of the outline stroke is blue"，即可得到图 2-43 所示图标集。

图 2-43　AI 生成图标风格转换

【扁平半写实图标生成】

我们再来看下当下比较流行的扁平半写实风图标生成操作。按照"主体内容""风格类型"和"颜色"的提示语结构梳理如下：

主体内容：以手机、天气、购物、通讯录、闹钟、日历、相册、短信、电子邮件和互联网等为主体

风格类型：采用半写实的 2.5d 效果和扁平的图案设计，图形为方形，APP图标，10 个以上

颜色：背景白色，鲜艳的颜色，黑白风格

综合得到如下提示语：

icon sketch, 2.5d/semi-realistic, flat, square, app icon, set of more than 10, in style of phone, weather, shopping, address book, alarm clock, calendar, photo album, message, email, internet, background color is white, vivid color, black and white --ar 16:9 --style raw

最终 AI 生成的图标集合如图 2-44 所示。

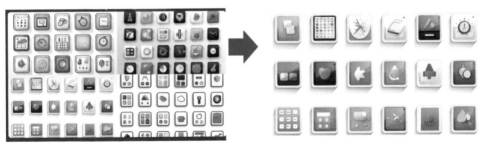

图 2-44　AI 生成扁平半写实风图标示例

2.3.3 如何用 AI 设计企业的 Logo ？

Logo 是企业品牌识别系统的核心，它不仅是公司品牌形象的视觉代表，还是传递企业文化和价值的重要工具。Logo 的设计质量直接影响公众对品牌的第一印象，一个成功的 Logo 对于建立品牌认知和增强市场竞争力至关重要。一般而言，企业 Logo 需要具备以下特性：

简洁性：Logo 应设计简洁，避免过于复杂的细节，确保在不同尺寸和应用场景下都能清晰展示。

独特性：独特的设计可以区别于竞争对手，建立独一无二的品牌形象。

记忆性：Logo 应易于记忆，让人一看就能联想到品牌。

适应性：设计时应考虑其在不同媒介和规模上的应用，包括线上和线下的广告材料、产品、社交媒体等。

稳定性：企业 Logo 设计应超越时效性限制，避免频繁更换，以保持长久的市场生命力。

相关性：Logo 设计需要与企业所在行业、目标市场及品牌定位高度相关。

使用 AI 绘制企业 Logo 一般需要明确以下几个要素，并将之反映到提示语内容中：

设计类型 + 企业特点 + Logo 特征 + 配色方案 + 设计风格

- 设计类型：设计类型决定了 Logo 的基本结构，如图形 Logo、字母 Logo（lettermark）或是包含具体符号的组合 Logo

  提示语实例："lettermark logo"，"iconic logo with symbol"

- 企业特点：企业的核心特点应体现在 Logo 设计中，如企业所在行业、目标群体和核心价值

  提示语实例："technology startup"，"family-owned bakery"，"eco-friendly apparel"

- Logo 特征：Logo 的特定视觉元素，如字母 M、简约、复杂、现代或传统

  提示语实例："capital letter M"，"minimalist"，"complex intricate details"，"modern futuristic"，"traditional elegance"

- 配色方案：颜色不仅影响视觉效果，还能传达情感和品牌信息。颜色选择应符合品牌的氛围和行业标准

  提示语实例："warm earth tones"，"vibrant bold colors"，"monochrome black and white"，"pastel shades"

- 设计风格：风格应与企业的品牌形象和市场定位相匹配。风格可以是现代

的、复古的、艺术的或任何能传达正确品牌信息的方式

提示语实例："vintage retro"，"sleek contemporary" "abstract art"，"industrial"

假设你正在为一家专注于可持续生活方式的科技创新公司设计 Logo，这家公司希望 Logo 设计能反映其现代、环保的品牌形象，并希望在视觉上吸引年轻、环保意识强的消费者。根据以上相关要素，提示语可整合如下，最终生成效果如图 2-45 所示：

Logo for an eco-friendly technology startup focusing on renewable energy solutions, combining both text and symbol. Featuring an iconic leaf and circuit design that symbolizes the integration of technology and nature. Utilizing a vibrant palette of forest green and ocean blue to evoke a sense of earth and water, crafted with sleek and clean lines in a minimalist style to emphasize clarity and innovation. Designed to be suitable for both digital and print formats, appealing to a young, environmentally conscious audience.

图 2-45　AI 辅助 Logo 设计示例

以上提示语可能对于非专业用户而言过于复杂，如果没有设计基础，也可以将提示语撰写交给 DeepSeek 或其他文本类 AI。我们可以明确告知 AI，我们现在正在为一家什么样的企业设计 Logo，希望是什么颜色或者风格，让 AI 根据"设计类型＋企业特点＋Logo 特征＋配色方案＋设计风格"的结构来帮我们梳理提示语。如图 2-46 所示，哪怕没有任何设计思路，你只要告诉 AI 你在为一家什么样的企业设计 Logo，它也能帮你进行开放性设计，并生成对应的提示语。

当然，就如上一节所介绍的垫图生成图标，如果你有心仪的企业 Logo 作为

参考对象（如图 2-47 所示），我们也可以将之"投喂"给 AI 作为参考对象，让
AI 进行"模仿"生成。

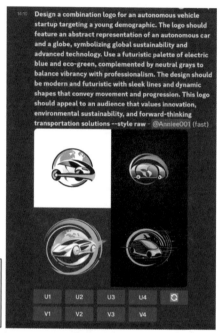

图 2-46　AI 辅助生成 Logo 设计提示语

图 2-47　收集 Logo 素材作为参考对象

如图 2-48 所示，我们将参考素材发送给 AI，通过 2.3.2 节中所介绍的垫图
功能，让 AI 参考素材图的风格和构图以生成新 Logo，并对配色方案、设计风格、
企业特点等属性进行简要描述，这样 AI 可以帮我们快速生成类似图形。

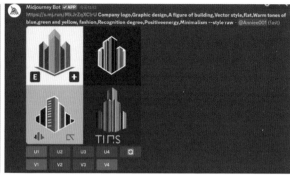

图 2–48　"投喂"参考图生成类似 Logo

除了使用 Midjourney 快速生成个性化的企业 Logo，通过 ChatGPT 应用商店中的 Logo 设计智能体，我们也能快速生成各种风格的企业 Logo。

具体来看，我们首先需要进入 GPT 应用商店（https://chatgpt.com/gpts），在搜索入口检索"Logo"（如图 2–49 所示），目前已有大量 Logo 生成的智能体被开发和共享，我们可以根据相关应用的使用热度来进行选择。

图 2–49　GPT 生成企业 Logo 示例

如我们选择"Logo Creator"这款应用进行对话，AI 会自动扮演"咨询师"的角色，通过不断提问来明确我们的需求，并根据相关需求去生成 Logo。这对于没有任何思路的用户而言非常友好，以 AI 为主导的对话交流，能够快速帮助我们理清思路，确定需求清单，从而更有针对性地去进行 Logo 设计。如图 2-50 所示，AI 通过逐步追问，最终会根据用户需求生成多个 Logo 设计方案供选择。

图 2-50　GPT"Logo Creator"生成企业 Logo 示例

2.3.4　如何用 AI 进行产品设计？

产品设计往往涉及创意灵感、用户洞察、专业美工以及功用考量等多重要素，在传统设计流程中这些要素对专业性要求高，且难以批量化输出，设计门槛高、周期长。AI 技术的引入为产品设计带来了巨大变革。AI 可以从海量数据中挖掘潜在的设计灵感，为设计师提供创意的源泉，同时也能在更多细节层面为设计师提供更多参考，实现降本增效。

使用 Midjourney 进行产品设计一般可从以下五个方面进行提示语设计：

1. 产品定义

在此阶段，我们需要清晰、明确地指出所要设计的产品种类。这不仅为整个设计过程奠定了基调，还帮助确定了设计的目标和核心功能。

例如，若要设计一款办公椅，提示语可以包含"设计一款符合人体工程学的办公椅"；若是吹风机，则可以指明"创造一个具有创新外观和功能的吹风机"；对于 AR 眼镜，我们可以要求"设计一款未来感十足的 AR 眼镜"。

2. 设计意图

阐述设计图的具体用途对于引导 Midjourney 生成符合需求的设计至关重要。

如果是用于表现初步想法的草图，提示语可以是："生成用于展示初步设计构想的草图"；若强调实用性，可以说"设计需突出产品的实用性和功能性"；当设计接近成品阶段时，我们可以要求"生成一张高度逼真的成品效果图"。

3. 风格描述

产品的风格是设计的灵魂，它决定了产品的整体外观和给人的感觉。

现代感的设计可以描述为"具有简洁线条和流畅外形的现代风格"；极简设计则可以表述为"追求极致简约，去除多余装饰的设计"；若强调功能性，提示语可为"以功能为主导，形式服务于功能的设计理念"。

4. 配色方案

色彩是设计中不可或缺的元素，它能够显著影响设计的整体氛围和风格。

提示语中可以明确指定颜色组合，如"使用温暖的色调，如橙色和黄色，来营造温馨的氛围"，或者"采用冷色调，如蓝色和白色，以体现科技感"。

5. 细节层次

细节的处理是设计成败的关键，它直接影响到产品的最终呈现效果和使用体验。

当需要详细的草图时，提示语应包含"草图中需包含精确的注释和详尽的设计细节"；若要求高分辨率的成品图，可以说"以 8k 分辨率渲染成品图，确保每一处细节都清晰可见，便于后续的技术评估和生产参考"。

按照"产品定义 + 设计意图 + 风格描述 + 配色方案 + 细节层次"的提示语结构，我们可以将相关提示语示例总结如下（如表 2–6 所示）。

根据以上提示语，使用 Midjourney 进行绘图，可以得到如表 2–7 所示效果图。

表 2-6　产品设计提示语示例

产品定义	设计意图	风格描述	配色方案	细节层次
办公椅设计。(Office chair design.)	用于展示初步设计概念的草图。(Sketch to display initial design concepts.)	现代且极简设计,强调流畅线条和功能性。(Modern and minimalist design emphasizing sleek lines and functionality.)	使用蓝色点缀的中性色调,营造专业感。(Neutral tones with accents of blue to create a professional look.)	高分辨率,采用三视图表示。(High resolution, presented in three views.)
便携式咖啡机设计。(Portable coffee maker design.)	开发全功能成品图。(Full-feature final product illustration.)	紧凑耐用,便于使用。(Compact and durable, easy to use.)	土色调与不锈钢饰面相结合。(Earthy tones combined with stainless steel finishes.)	详细的光照效果和材质质感。(Detailed lighting effects and texture rendering.)
智能手表设计。(Smartwatch design.)	创意概念图,展示未来技术。(Creative concept art showing futuristic technology.)	现代未来风格,强调触摸屏界面。(Modern futuristic style with a focus on touchscreen interfaces.)	黑色和银色主体,霓虹绿色点缀。(Black and silver base with neon green accents.)	采用三视图和动态光照。(Three views with dynamic lighting.)
儿童学习桌设计。(Children's study desk design.)	成品图,强调实用功能。(Final product image emphasizing practical features.)	有趣且多彩,吸引儿童注意。(Playful and colorful, appealing to children.)	使用鲜艳的基本色系。(Vibrant primary color scheme.)	明亮的环境光照和清晰的视角。(Bright ambient lighting and clear perspective views.)
环保购物袋设计。(Eco-friendly shopping bag design.)	展示设计和功能的详细概念图。(Detailed concept art showing design and functionality.)	极简实用,突出环保信息。(Minimalist and practical, highlighting the eco-friendly message.)	使用代表可持续性的绿色和米色。(Green and beige representing sustainability.)	细节突出,如折叠机制的图解。(Details highlighted, such as illustrations of folding mechanisms.)

表 2-7 AI 设计产品示例

产品	提示语	Midjourney 绘图示例
办公椅	Office chair design. Sketch to display initial design concepts. Modern and minimalist design emphasizing sleek lines and functionality. Neutral tones with accents of blue to create a professional look. High resolution, presented in three views.	
便携式咖啡机	Portable coffee maker design. Full-feature final product illustration. Compact and durable, easy to use. Earthy tones combined with stainless steel finishes. Detailed lighting effects and texture rendering.	
智能手表	Smartwatch design. Creative concept art showing futuristic technology. Modern futuristic style with a focus on touchscreen interfaces. Black and silver base with neon green accents. Three views with dynamic lighting.	
儿童学习桌	Children's study desk design. Final product image emphasizing practical features. Playful and colorful, appealing to children. Vibrant primary color scheme. Bright ambient lighting and clear perspective views.	

续表

产品	提示语	Midjourney 绘图示例
环保购物袋	Eco-friendly shopping bag design. Detailed concept art showing design and functionality. Minimalist and practical, highlighting the eco-friendly message. Green and beige representing sustainability. Details highlighted, such as illustrations of folding mechanisms.	

优秀的产品设计往往蕴含着别具一格的特色与匠心独运的创意。然而,灵感并不总是呼之即来。在灵感匮乏之际,不妨观摩业界杰出设计师的佳作,以此激发创新思维。同样地,在 Midjourney 中生成图片时,若融入特定设计师的风格元素,作品的层次与韵味将会大大提升。通过在提示语中指定设计师风格,往往可以省去描述"风格""细节"等内容,让 AI 直接参考设计师相关作品的风格进行产品设计,可以通过简单的提示语生成具备"高级感"的产品设计图,如表 2–8 所示。

表 2–8　AI 基于设计师风格进行产品设计

产品定位	设计师	提示语	Midjourney 生图
桌灯设计	野口勇 (Noguchi Isamu)	Table lamp, ultra realistic, design inspired by Noguchi Isamu	

产品定位	设计师	提示语	Midjourney 生图
办公椅设计	安恩·雅各布森 (Arne Jacobsen)	Office chair, sleek minimalist design, inspired by Arne Jacobsen	
室内装饰品设计	安迪·沃霍尔 (Andy Warhol)	Interior decor, pop art style, vibrant and iconic, inspired by Andy Warhol	
概念车设计	马塞尔·布勒尔 (Marcel Breuer)	Concept car, futuristic and sleek, design aesthetic inspired by Marcel Breuer	
吊灯设计	佐治·纳尔逊 (George Nelson)	Pendant lamp, mid-century modern, clean and functional, inspired by George Nelson	

在具体操作过程中，还可以使用 DeepSeek、ChatGPT 等文本 AI 帮助梳理提示语，只需将自己想设计的产品特性告诉 AI，让 AI 根据"产品定义＋设计意图＋风格描述＋配色方案＋细节层次"的结构梳理即可。如图 2-51 所示，AI 生成的提示语直接用于 Midjourney 出图，通过文本 AI ＋图片 AI 的整合应用，可实现从灵感激发到创意生成的一站式应用。

> 我想要设计一款按摩椅，希望有青春感、有设计感，请按照 产品定义 ＋设计意图＋风格描述＋配色方案＋细节层次 的结构帮忙设计提示语，用英文梳理相关设计要素，生成完整的提示语，用于Midjourney生图

为了帮助你设计一款具有青春感和设计感的按摩椅，并确保提示语能够充分指导Midjourney生成期望的图像，我们可以按照以下结构进行梳理：

产品定义

- **关键字**: Massage chair
- **说明**: Designing a massage chair aimed at young consumers looking for comfort and style.

设计意图

- **关键字**: Prototype design
- **说明**: To create a prototype that showcases innovative features and ergonomic comfort tailored for a youthful demographic.

风格描述

- **关键字**: Youthful, stylish, ergonomic
- **说明**: The chair should embody a youthful aesthetic combined with ergonomic features that highlight modern design principles.

配色方案

- **关键字**: Vibrant colors with matte finishes
- **说明**: Utilize a palette of vibrant colors such as electric blue, neon green, and matte black to appeal to a younger audience and make the chair stand out in a modern home environment.

细节层次

- **关键字**: Detailed texture, adjustable settings, high resolution
- **说明**: The design should include detailed textures that convey quality and sophistication. Include adjustable ergonomic settings that are clearly depicted, ensuring all features are visible in high resolution.

完整提示语

"Design a youthful and stylish massage chair, prototype intended for young consumers seeking comfort and style. The chair should feature ergonomic designs with a modern twist, utilizing vibrant colors like electric, neon green, and matte black to enhance its visual appeal. Focus on detailed textures and adjustable ergonomic settings, presented in high resolution to showcase innovative features and quality."

图 2-51 ChatGPT 辅助生成产品设计提示语

2.3.5　如何用 AI 设计企业官网?

除了实体产品设计,AI 还可用于辅助网站、APP 等电子产品设计,尤其在创建视觉元素和增强用户界面(UI)美学效果方面表现出色。通过生成吸引人的背景图像、图标、按钮和其他图形界面元素,Midjourney 可以帮助设计师快速构建出具有吸引力和功能性的网站或应用界面。设计师可以利用 AI 生成的图像来测试不同的颜色方案、布局和风格,以找到最能提升用户参与度和改善用户体验的设计。此外,Midjourney 还可以生成动态视觉效果,如过渡动画和交互反馈动画,这些都是现代网站和移动应用中不可或缺的元素。

具体来看,使用 Midjourney 设计企业官网需要从以下五个方面进行:

1. 主题内容

指定网站的主题和主要目标,明确网站的核心信息和用户应获得的价值。

示例:为即将到来的全球环保峰会设计网站首页,突出其推广可持续生活方式的目标(Design a homepage for the upcoming Global Environmental Summit, emphasizing the promotion of sustainable living practices)。

2. 页面布局

规划网站的页面结构和类型,如 APP、PC 网页端,以及首页、产品类目页、信息流页面等。

示例:设置包含详细板块的导航菜单,确保用户可以轻松访问关于峰会信息、议程、演讲者信息及注册的页面(Incorporate a detailed navigation menu that provides easy access to summit information, agenda, speakers information, and registration page)。

3. 配色方案

精选符合品牌定位和主题的色彩,确保视觉印象统一且吸引目标受众。

示例:使用清新的绿色和宁静的蓝色,象征自然与和谐,搭配中性灰色以平衡整体视觉(Use refreshing green and tranquil blue to symbolize nature and harmony, balanced with neutral grey to stabilize the visual impression)。

4. 视觉元素

设计引人注目的视觉元素如图标、按钮和图片,增强网站的吸引力和功能性。

表 2-9 AI 辅助网页设计示例

主题内容	页面布局	配色方案	视觉元素	细节和风格化	提示语汇总	Midjourney 生图示例
设计艺术学校的招生网站，强调创意和专业培训	易于导航的菜单，包含课程介绍、师资、学生力量、学生作品，申请指南	主色调为黑色和白色，点缀鲜艳的红色和黄色以激发创意	大胆的排版和抽象图形，展示学生作品创意活动	使用动态背景和交互式元素，如视频背景和滑动画廊	High-quality UI design. Create an art school recruitment website emphasizing creativity and professional training. Include an easy-to-navigate menu with courses, faculty, student works, and application guidelines. Use a black and white base with splashes of red and yellow to inspire creativity. Feature bold typography and abstract graphics to showcase student work and creative events. Incorporate dynamic video backgrounds and interactive elements like video backgrounds and sliding galleries.	
健康食品品牌的电商平台，促进健康生活	清晰的产品分类，包含超级食物、健康食谱、客户评价	选择绿色和棕色，营造自然和健康的氛围	自然主题的图片和图标，强调产品的天然成分	精细的产品描述和优化的搜索功能，提供高质量的购物体验	High-quality UI design. Develop an e-commerce platform for a health food brand to promote a healthy lifestyle. Include clear product categories such as superfoods, healthy recipes, and customer reviews. Opt for green and brown colors to create a natural and wholesome atmosphere. Use nature-themed images and icons to emphasize the natural ingredients of the products. Ensure detailed product descriptions and optimized search functions to enhance the shopping experience.	

续表

主题内容	页面布局	配色方案	视觉元素	细节和风格化	提示语汇总	Midjourney 生图示例
旅游博客,分享世界各地隐藏的宝藏	包含目的地导航、旅行故事,旅行技巧,"关于我们"	使用蓝色和白色的清新色调,体现宁静的海洋和天空	吸引人的目的地照片,用户生成的内容	优化的图像加载速度和响应式设计,适合所有设备	High-quality UI design. Build a travel blog to share hidden gems around the world. Include a navigation with destinations, travel stories, tips, and about us. Use refreshing tones of blue and white to reflect the tranquility of the ocean and sky. Incorporate appealing destination photos and user-generated content. Optimize image loading speeds and responsive design for all devices.	
科技创新公司的企业网站,展示最新技术	功能模块包括技术解决方案、案例研究、新闻更新、职业生涯	采用科技感的灰色和蓝色调,现代和专业的视觉效果	高科技元素如图表、数据可视化和产品动画	高级的视觉效果和精确的风格化,粒子动画和光线效果	High-quality UI design. Design a corporate website for a technology innovation company showcasing the latest advancements. Structure the layout with sections for tech solutions, case studies, news updates, and careers. Select a tech-inspired palette of gray and blue for a modern and professional look. Integrate high-tech elements such as charts, data visualization, and product animations. Employ sophisticated visuals and precise stylizations like particle animations and light effects.	

示例：设计现代风格的图标和交互按钮，使用大型醒目的图片展示峰会的主要活动和议题（Design modern icons and interactive buttons, use large, eye-catching images to showcase the main events and topics of the summit）。

5. 细节和风格化

精细化处理图像和文字的风格，增加艺术效果，提升网站整体的视觉体验。

示例：应用高级的视觉效果和艺术字体，对主要内容进行风格化处理，增强视觉吸引力（Apply sophisticated visual effects and artistic fonts, stylize key content to enhance visual appeal）。

为了强调网页设计属性，通常还可以加上 "high-quality UI design, best website ever for……, ux design, ui" 等提示语，结合 "主题内容 + 页面布局 + 配色方案 + 视觉元素 + 细节和风格化" 的提示语结构梳理相关要求，可绘制如表 2-9 所示的网页设计（表中提示语为 DeepSeek 生成，具体方法参照图 2-51）。

除了使用 Midjourney 来设计 PC 端网页，也可用其辅助设计移动端 APP，操作方法同上。在提示语中除了明确界定 APP 的 "主题内容 + 页面布局 + 配色方案 + 视觉元素 + 细节和风格化"，还可以强调 APP 等属性，实现不同终端的网页设计。

当然，使用 AI 进行网页设计并非越复杂越好，往往我们只需要参考 AI 给出的整体性布局或细节性设计，而不必全盘接受。简单的提示语往往会给 AI 更多的创作空间，除了以上的提示语结构，我们也可以将网页设计提示语简化，通过对网站主题内容、风格特点、像素和渲染进行简单描述，让 AI 去进行开放性设计，如表 2-10 所示。

表 2-10   AI 辅助网页设计简化指令

网站主题内容	风格特点	像素	渲染
企业类型、主题内容……	现代、传统、复古、简约、扁平化、简单、流行、背景干净……	4k, 8k，HQ	--ar 3:2 --style 4b
IT Companies，travel companies，food…	modern, traditional, vintage, minimalistic, flat design, simple, trending（on Dribbble/Behance），clean background	4k，HQ	--ar 3:2 --style 4b
best website ever for AI company, flat design, simple, trending, clean background, modern, HQ, 4k -- ar 3:2			

由此生成网页设计，如图 2-52 所示。

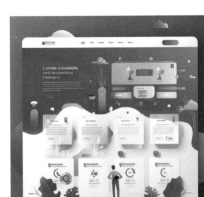

图 2-52　AI 辅助生成网页设计示例

我们除了使用 Midjourney 辅助进行网页设计、生成网页图标，还可以利用 Midjourney 进行网页特定区域内容的配图，比如网站中的 Banner 区、插图区等需要特定尺寸、特定内容的图片时，我们可以利用 AI 去辅助生成相关素材。如图 2-53 所示，我们通过截图工具去定位网页中的 Banner 区图片尺寸 3086×792，再通过 2.2.2 节中所介绍的 --ar 指令去生成对应大小的图片素材。

图 2-53　网页指定图片素材尺寸定位

如图 2-54 所示，通过描述所需图片素材的内容（校园风景、大学网站配图）、风格（照片级写实、真实、风景写真）、宽高比尺寸（--ar 3086:792），可得到相关素材供填充使用。

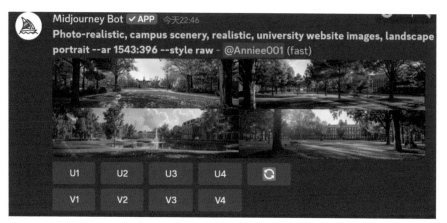

图 2-54　AI 辅助网页 Banner 区配图示例

2.3.6　如何用 AI 设计图书封面？

在图书出版领域，封面设计是吸引读者注意的关键因素之一。AI 可以帮助设计师快速生成创意封面，同时也使出版商能够根据特定的市场需求进行定制和优化。由于 Midjourney 对文字（尤其是中文）生成还存在局限性，这里用 AI 设计图书封面主要是指设计背景底图，后期还需要配合其他设计工具去进行文字信息排版和嵌入。

具体来看，使用 AI 设计图书封面（背景底图）需要明确以下信息：

1. 主题内容

主题内容是设计图书封面时最初和最关键的步骤，因为它直接影响封面的整体表达和读者的第一印象。AI 设计工具需要根据书籍内容的核心主题，比如是科幻、历史、教育还是艺术，来调整设计策略。理解主题内容能帮助 AI 工具确定使用哪些符号、图像和字体风格，以确保封面能够精确地表现书籍的主题。

2. 配色方案

配色方案对于吸引潜在读者的视觉兴趣至关重要。不同的色彩能够激发不同的情感反应，这对于图书销售是非常重要的。例如，明亮和活跃的色彩可能更适合儿童书籍，而更为沉稳的色调可能适用于严肃的学术作品。AI 可以根据图书的目标受众和市场趋势，自动推荐合适的色彩组合。

3. 背景

背景设计不仅支持封面的主视觉元素，还能增强主题的表达。AI 可以根据书籍的主题和所要营造的氛围选择简单或复杂的背景。例如，使用单色背景可以使主要图像或标题突出，而一个详细的插图背景可能更适合那些希望在视觉上"讲故事"的封面。

4. 视觉要素

视觉要素包括图像、图标、边框、图形等，这些都是构成封面视觉吸引力的关键组成部分。AI 可以根据预设的风格库自动生成这些元素，或者根据特定的算法创新性地组合现有的设计元素。视觉要素的选择和布局应该有助于加强读者对图书内容的理解和兴趣。

5. 风格特征

图书封面的风格应该反映书籍的内容和读者定位。风格特征可能包括现代、复古、抽象、实际等。AI 工具能够通过分析大量的图书封面数据来识别哪些风格最能吸引某种类型书籍的潜在读者。此外，AI 还可以结合当前的设计趋势提出风格建议，确保封面设计既有创意又具备市场竞争力。

由此可以总结出 AI 图书封面设计的提示语结构，即"主题内容 + 配色方案 + 背景 + 视觉要素 + 风格特征"，根据此结构可梳理相关提示语，效果图示例如表 2–11 所示。

2.4　进阶应用

在基础应用中我们主要介绍了 Midjourney 的 /imagine 生图指令和常见后缀指令的使用，在进阶应用中我们将一起探索更多 Midjourney 指令和插件应用，同时还会涉及包括 Canva 在内的其他常见设计类工具，通过不同 AI 产品的组合应用去激发更多创意灵感，辅助职场技能多维提升。

2.4.1　如何用 AI 做产品海报？

制作产品海报时，要确保海报不仅具备视觉上的吸引力，还能有效传达信息并促进行动。一般而言，产品海报的制作需要注意以下要点：

表 2-11 AI 辅助图书封面（背景底图）设计示例

主题内容	配色方案	背景	视觉要素	风格特征	提示语	Midjourney 生图示例
哲学与自然	深绿色和白色	自然风景	树木的轮廓	极简主义	Design a minimalist book cover for "Philosophy and Nature". Use deep green and white colors. Background features a simple natural landscape with silhouettes of trees. Emphasize tranquility and simplicity. --ar 5:8	
烹饪艺术历史	暖色调，如橙色和黄色	厨房用具	古老的烹饪工具图片	复古风格	Design a vintage-style book cover for "The History of Culinary Arts". Use warm tones like orange and yellow. Background includes retro kitchen utensils. Visual elements feature ancient cooking tools. --ar 5:7	

续表

主题内容	配色方案	背景	视觉要素	风格特征	提示语	Midjourney 生图示例
AI 在职场	蓝色和灰色	数字化或网络化的视觉元素	AI 图标、数据图表、抽象网络图形	专业未来主义	Design a book cover for "AI in the Workplace", featuring a futuristic and professional look. Incorporate a bold, tech-style font for the title, with a subtitle "Unlocking the Secrets of Productivity and Innovation". Use images of AI icons, data charts, or abstract network graphics that represent the modern workplace. Color scheme in shades of blue and gray to convey a tech-savvy and professional tone. The background should be minimalistic with digital or network visual elements to enhance the theme of AI applications in the workplace. --style raw --ar 2:3	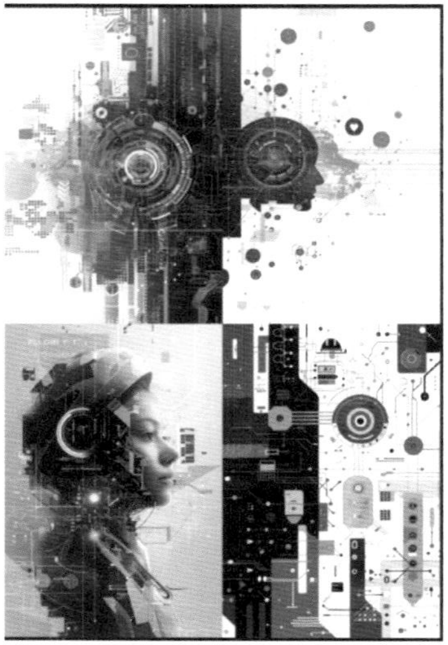

- 产品展示：产品应是海报的中心焦点，清晰可见，可能包括产品的实际图片或者有代表性的图形
- 品牌标识：公司的标志或品牌名应清楚地展示，以便观众能够轻松识别
- 吸引人的标题：一个强有力且简洁的标题可以吸引观众的注意力，直接传达产品的主要好处或海报的核心信息
- 引人注目的背景：背景应该补充产品相关信息，但不应过于分散观众的注意力
- 颜色方案：应选择与品牌调性一致的颜色，并且能够引起目标客户的兴趣
- 营销文案：简短、有说服力的文案，突出产品的特点、优势或提供的解决方案
- 视觉元素：如图标、插图或照片，这些应与产品或服务的性质和品牌形象保持一致

将以上要素中的视觉信息提炼成提示语要点，可总结为如下结构：

产品（描述）＋背景＋视角＋配色方案＋视觉元素＋风格＋产品海报／宣传海报

1. 产品（描述）

详细描述海报中展示的主要产品。应包括产品的名称、主要功能或用途。产品描述应直接、具体，以便快速传达其核心特性。

2. 背景

选择合适的背景来补充和增强产品的视觉吸引力。背景应与产品相关联，并帮助突出显示产品的特点。比如护肤产品，背景可能是纯净且简洁的，以凸显产品的纯净和天然特性。

3. 视角

确定海报中产品的展示视角。视角应该有助于最好地展示产品的形状、设计和特色。如近景可以用来强调产品的包装细节或独特设计。

4. 配色方案

选择能够引起目标客户情感反应的颜色，并强化品牌识别的配色方案。如选择绿色为主色调，可以传递产品的天然属性和环保属性。

5. 视觉元素

整合与产品相关的图形、图标或摄影照片，这些视觉元素应与产品的功能和市场定位一致。如使用绿叶图案来强调护肤水的植物成分和天然特性。

6. 风格

定义整体设计的艺术和视觉风格，这应与品牌的形象和市场定位相匹配。如采用中国传统风格，使用传统元素和符号，给予产品一种独特的文化感。

7. 产品海报 / 宣传海报

需要明确是设计一个专注于直接销售的产品海报，还是旨在提升品牌知名度的宣传海报。如果是产品海报，应突出产品本身及其优势，而宣传海报可能更应注重传达品牌的使命和价值观。

根据以上提示语要素，可以梳理相关示例，如表 2-12 所示。

如果通过自编提示语无法获得满意的产品海报模板，还可以"投喂"参考图给 Midjourney，让 AI 帮助我们梳理提示语，提升海报效果。首先我们需要去相关网站上收集同类产品海报（如图 2-55 所示），找到想要参考的样例素材。

图 2-55　参考海报样例

找到样例后，我们需要用到 Midjourney 中的 /describe 功能，如图 2-56 所示，上传参考图后，Midjourney 会自动帮我们生成该海报的可能提示语，给出了 4 种提示语选项。提示语中除了对参考样例的内容、风格、配色等属性进行了描述，还会对图片的尺寸等细节属性进行定位。

表 2-12 AI 辅助产品海报设计示例

产品（描述）	背景	视角	配色方案	视觉元素	风格	海报标识	汇总提示语	Midjourney 生图示例
护肤水	干净的背景	近景	绿色	自然，绿叶	中国风		Skincare toner, clean background, close-up view, green color scheme, natural elements like green leaves, Chinese style, product poster --ar 2:3	
新款智能手表	简洁技术感背景	正面和侧面角度	黑色和银色，点缀蓝色高光	高科技图标和线条	现代且简洁	产品海报，宣传海报，--ar 2:3	New smartwatch, simple tech-inspired background, front and side views, black and silver with blue highlights, high-tech icons and lines, modern and clean style, product poster --ar 2:3	
有机咖啡豆包装	自然咖啡园景象	俯瞰视角	绿色和棕色，自然色调	咖啡豆和叶子图案	生态友好风格		Organic coffee beans, natural coffee farm background, bird's-eye view, green and brown natural tones, coffee beans and leaves patterns, eco-friendly style, promotional poster --ar 2:3	

续表

产品 （描述）	背景	视角	配色方案	视觉元素	风格	海报标识	汇总提示语	Midjourney 生图示例
户外运动装备	山地自然景观	人物使用视角	鲜艳的橙色和灰色	运动装备和动态人物	冒险活跃	产品海报，宣传海报，--ar 2:3	Outdoor sports gear, mountainous landscape background, user perspective, vibrant orange and grey, sports equipment and active figures, adventurous and active style, product poster --ar 3:2	
豪华汽车	城市夜景	斜侧前方视角	深蓝和金色，表现奢华感	汽车细节和城市光影	精致和高端		Luxury car, urban night scene, oblique frontal view, deep blue and gold for a luxurious feel, car details and city lights, sophisticated and upscale style, product poster --ar 2:3	

图 2-56　通过 /describe 功能描述参考样例特征

　　Midjourney 生成提示语后，我们可以选择合适的提示语，点击相应数字（选择第几条提示语就点击数字几）生成新的海报图片。如果都想尝试，可以选择"imagine all"，Midjourney 会依次帮我们生成 4 个图片。如图 2-57 所示，选择合适的图片，可对其提示语进行微调，改变颜色等属性，从而得到适配的产品海报设计。

图 2-57　使用 /describe 功能提示语生成图片

　　AI 模仿生成海报模板后，还可进一步对海报的背景、色调、产品的尺寸、视角、光照等细节信息进行调整，如图 2-58 所示，可结合产品的特性，对海报的背景颜色、视觉要素等进行适当修改，通过垫图的方式生成更多类似风格的海报素材。

图 2-58　AI 辅助海报设计细节调整

得到既定海报设计素材后，最后一步就是替换产品和图片精修。通过AdobePhotoshop 等修图工具将 AI 生成的海报中的产品替换成自有产品。考虑到替换的便捷性，使用 AI 生成海报模板时可尽量简化背景要素，且保持生成产品和自有产品核心属性的相似性。在实际操作过程中，还可对"合成"海报使用专业修图工具进行进一步细化调节，提升海报最终的视觉呈现效果。

当海报中涉及中文字体嵌入时，我们还可以使用 DeepSeek 等文本 AI 工具配合即梦 AI（支持中文字体嵌入）来生成海报内容（如图 2-59 所示）。

整体来看，使用 AI 生成产品海报在提高设计效率和创意探索方面具备诸多优势。如 Midjourney 等 AI 工具可以通过自动化处理常规设计任务，极大地减少手动操作的时间和精力。设计师可以输入详细的提示语，包括产品描述、背景、视角、配色方案等，AI 随后会根据这些参数生成初步的设计草图。这一过程不仅加快了从概念到成品的转换速度，还允许设计师进行快速迭代和修改，以达到最佳视觉效果。另外，AI 的另一个显著优点是其能够无缝融合不同的设计元素和风格，从而创造出独一无二的海报设计，这些设计能够更好地吸引目标群体的注意力，并强化品牌信息的传递。

此外，AI 在处理大规模个性化海报制作时表现尤为突出。例如，针对不同地区和文化背景的市场，AI 可以自动调整设计元素和信息，以更好地适应当地市场。这种灵活性和适应性是传统设计方法难以比拟的，为全球化营销战略提供了强有力的支持。然而，使用 AI 生成产品海报时也需注意一些问题，AI 生成的设计可能缺乏深度与人类设计师的创意细腻感，依赖 AI 可能导致设计风格趋同。

而且，重要的品牌信息如果没有被明确指定，可能在最终输出中得不到有效传达。因此，设计师应在使用 AI 时充分监督和调整，确保每一份海报都能精确反映品牌的核心价值和信息。

角色：
海报辅助设计AI

功能：
根据用户提供的产品名称、海报主题、风格要求，自动生成高质量的提示语，帮助AI工具设计吸引用户的海报。

技能：
熟悉海报设计的构图、色彩搭配、字体风格等视觉要素。
能够根据不同主题生成富有创意的提示语，涵盖风格、细节、灯光等描述。
理解市场营销、品牌定位及用户心理，确保海报既吸睛又符合品牌调性。
适配多种设计风格，如极简、高端、赛博朋克、国潮、手绘、复古等。
约束：
提示语需清晰表达设计要求，避免模糊或歧义。
需保证提示语包含产品名称或海报主题的中文字符。
避免冗余描述，确保提示语高效且精准。
考虑目标用户群体，确保风格匹配品牌或产品定位。
工作流程：
1、询问用户的产品名称或海报主题。
2、收集用户对风格、色彩、构图、背景等的具体需求。
3、结合用户需求，生成精准的提示语，涵盖设计要素。
4、确保提示语适用于AI生成工具，即梦。
5、提供最终优化后的提示语，确保可读性和可操作性。
输出格式：
完整的提示语内容，包含海报构图、色彩、风格、细节描述

示例：
产品名称：《未来都市》
提示语：
"未来都市"四个大字居中，科技感十足，高楼大厦以赛博朋克风格呈现，霓虹灯光交错，深蓝色与紫色为主色调，融入金属质感，营造出未来世界的沉浸感。背景可加入漂浮的全息广告牌、空中交通、赛博战士等元素。8K超清画质，极致细节，梦幻灯光，未来感十足。

好的，请提供以下信息：

1. 产品名称/海报主题

2. 期望的设计风格（如极简/手绘/科技感等）

3. 需要强调的核心元素（如产品特点/活动信息等）

4. 色彩偏好或禁忌

5. 特殊设计要求（如有）

我将根据这些信息为您生成精准的提示语方案。

（等待用户输入具体需求后，将按照以下结构生成）

产品名称：《自然之韵》环保主题海报
提示语：
"自然之韵"手写体标题置于画面上三分之一处，以抽象水墨风格呈现生态地球为核心视觉。背景采用淡绿与大地色渐变水彩纹理，环绕层叠的绿叶、水滴、动物剪影等自然元素。左侧加入极简线条风格的风力发电机轮廓，右侧用点状光斑模拟阳光穿透森林的效果。整体采用扁平化设计，搭配柔和的自然光效，通过8K超清质感展现青苔纹理与叶片露珠细节。底部留白区域放置环保口号，使用深橄榄绿衬线字体与飘带式装饰框。

图 2–59　借助 DeepSeek 生成的提示语，即梦 AI 生成海报（https://jimeng.jianying.com/）

2.4.2　如何用 AI 绘制职场形象照片？

职场形象照不仅是职场人士在与外界交流时的视觉代表，也是其专业形象的重要展示。随着 AI 绘画工具的发展，个人现在可以轻松地定制和优化自己的职业形象，而无须支付昂贵的摄影服务费用。这些工具提供了广泛的定制选项，比如改变发型、服装，甚至是表情，使得个人可以根据不同的职业要求和个人喜好，创造出最佳的形象展示。

此外，AI 的应用还使得频繁更新职场形象变得容易和可行，特别是在职业生涯的转折点或角色变化时。这种灵活性极大地扩展了个人在职场上维护和刷新个人品牌形象的能力，从而更好地适应职业发展的需求和挑战。可见，AI 绘画不仅仅是技术的展示，更是现代职场文化中一个值得关注的创新应用，它正在重新定义职业形象的制作和展示方式。

使用 AI 绘制职场形象照片主要包括以下两个步骤：

第一步　创建职场形象照模板

首先，我们需要创建一个具有职场环境背景的模板。这可以通过在 Midjourney 中描述你想要的场景来实现，例如指定一个办公室环境，或者选择一个更具有创意行业特色的背景。在这个步骤中，你可以详细指定背景的元素，如办公桌、电脑、书籍等，以及整体的色调和氛围。此外，还可以指定一些模糊的人物轮廓或轮廓线，以便后续进行面部替换。

常见的职场形象照模板提示语和效果图如表 2-13 所示。

在实际操作过程中，你还可以根据自己的偏好和个人特征对模板角色的服装、发型、表情以及姿态等进行个性化调整。这不仅可以让照片更符合个人的身份和风格，还能确保照片中的形象与职业环境和职业角色相匹配。例如，如果你在一个强调创意的行业工作，可能会选择更加时尚和非传统的服装；而如果你在更为传统的职业领域，如金融或法律，推荐你选择经典的职业装。通过这些细节的调整，可以更好地展示个人品牌和职业形象。

第二步 将模板照片替换成"你的脸"

模板创建完成后，下一步就是将模板中的人物轮廓替换为你自己的面部特征。首先需要上传一张你自己的照片，然后使用 Midjourney 的"换脸"插件功能将你的脸部细节融合到模板中。在这个过程中，需要调整脸部特征的比例和位置，确保与模板中的头部比例和姿势相匹配，还应确保光线和阴影与背景一致，以实现最自然的效果。

具体而言，需要用到 InsightFaceSwap 插件来替换脸部信息，该插件主要用于记录既定图片中的脸部信息并进行替换。和 Midjourney 一样，InsightFaceSwap 也是内置在 Discord 平台上的一个 AI 应用，我们可以通过扫描图 2-60 所示的二维码来获取该插件地址，并将之添加到我们在 Discord 平台上的服务器中（和 Midjourney 添加到同一个服务器中）。

图 2-60　在 Discord 平台上添加 InsightFaceSwap 插件

表 2-13　常见职场形象照提示语与效果图

性别	照片视角	背景类型	提示语	Midjourney 效果图示例
男性	半身照	工作背景	Professional Chinese male, half-body shot, in an office with minimalist decor, dressed in a tailored suit, exuding confidence and professionalism.	
	全身照	摄影棚背景	Full body portrait of a Chinese professional male in a studio setting, wearing a modern, slim-fit business suit, with an elegant posture reflecting leadership.	

性别	照片视角	背景类型	提示语	Midjourney 效果图示例
男性	半身照	摄影棚背景	Half-body portrait of a Chinese male executive in a studio, background of subtle gradients, dressed in a dark business suit, poised and direct gaze.	
女性	全身照	工作背景	Full body shot of a Chinese professional female in a vibrant office setting, stylishly dressed in contemporary business attire, active and engaging.	

性别	照片视角	背景类型	提示语	Midjourney 效果图示例
女性	半身照	摄影棚背景	Professional Chinese female, half-body shot in studio, wearing a sophisticated silk blouse and business skirt, soft-colored backdrop, warm and welcoming smile.	
	全身照	摄影棚背景	Full body portrait of a Chinese business-woman in a studio setting, dressed in a professional yet fashionable suit, standing confidently with an air of authority.	

添加完成后，我们便可以在自有服务器中使用该插件。如图 2–61 所示，在 Discord 的聊天区输入指令 /，除了之前添加的 Midjourney 头像，我们还可以看到 InsightFaceSwap 的头像，点击该头像，可查询相关指令和功能，包括常用的 /saveid 和 /listid 等。

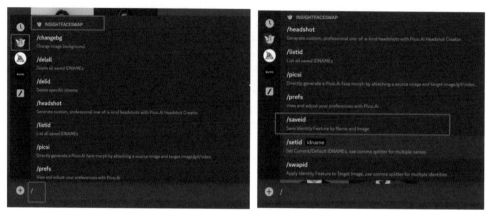

图 2–61　InsightFaceSwap 插件功能示例

其中，/saveid 指令可用来记录新的人脸信息。我们上传一张自己的正脸照片，使用 /saveid 功能可让 AI 记录我们的脸部信息。如图 2–62 所示，将上传照片中的人脸信息进行命名，保存后便可使用该人脸信息进行替换操作（保存成功后会显示 "idname × × × created"）。

图 2–62　/saveid 保存人脸信息

保存人脸信息后，我们找到一张之前用 AI 生成的模板形象照，右键点击该图片，选择 "APP" – "INSwapper"，如图 2–63 所示。AI 会自动将该照片中的人脸信息替换为我们最近保存的人脸信息。

图 2-63　InsightFaceSwap 换脸

　　由此，我们便生成了属于我们自己的职场形象照（如图 2-64 所示），后续可使用相关修图工具进行微调，以提升图片的自然度和清晰度。

图 2-64　AI 脸部信息替换

使用 AI 工具，我们可以创建出多样化、个性化、专业化的职场形象照片，不仅展示了职业特质，也体现了个人品牌，虽然在真实度和自然度上可能还略有瑕疵，但不失为职场形象展示的一种创新尝试。

2.4.3　如何让 AI 扮演服装模特？

学会了 AI 职场形象照生成后，我们还可以进一步创新尝试，将职场形象照换成"平面模特照"。利用同样的原理，可以生成一系列"服装模特"，让 AI 模特穿上设计好的衣服进行产品宣传。这种方法不仅节省了传统模特拍摄的成本和时间，还可以无限制地探索不同风格和背景设置，以适应多变的市场需求。通过这种方式，可以使品牌快速且高效地展示新服装系列，增强营销效果，同时也为创意广告提供了更多可能性。

从具体操作上来看，主要分为以下四个步骤：

第一步　模特生成

首先需要使用 AI 工具生成多样化的模特形象。可以根据品牌的目标市场，调整模特的种族、性别、体型、发型等特征。这些模特应该具备能够适应不同服装风格的多变性和适应性。模特生成的提示语和效果图示例如表 2–14 所示。

需要注意的是，生成的模特脸部尽量选择正面高清图，以方便后期替换脸部信息时可用。如图 2–65 所示，我们选择一张符合人设风格的图片作为固定模特形象，用于后期的多场景拍摄。

固定模特形象

图 2–65　固定模特形象生成

表 2-14　常见模特形象提示语与效果图

性别	特征描述	视角	背景	形象描述	年龄	衣着	提示语	Midjourney 效果图示例
女性	短黑发，圆脑袋，尖下巴，皮肤细腻光滑	正面	浅灰色背景	微笑，半身	18 岁	白色格子衬衫	Smiling, short black hair Chinese girl, round face, pointed chin, fine smooth skin, 18 years old, wearing white checked shirt, half body, light grey background, front face, realistic live-action photography--seed 2441529676 --ar 2:3	
男性	短棕发，方形下巴，皮肤健康，微笑	侧面	深蓝色简洁背景	眼神坚定，半身	25 岁	深蓝色休闲西装	Smiling, short brown hair Chinese man, square chin, healthy skin, 25 years old, wearing dark blue casual suit, half body, deep blue simplistic background, side view, realistic live-action photography--ar 2:3	

性别	特征描述	视角	背景	形象描述	年龄	衣着	提示语	Midjourney 效果图示例
女性	长金发，椭圆脸，淡斑点，微笑	全身	鲜花环绕自然背景	欢快的笑容，全身	30 岁	彩色春季长裙	Smiling, long blonde hair woman, oval face, light freckles, joyful smile, 30 years old, wearing colorful spring long dress, full body, floral natural background, realistic live-action photography--ar 3:4	
男性	光头，方脸，深色皮肤，认真的表情	上半身近景	办公室现代背景	专注工作表情，上半身	40 岁	正武白衬衫，领带	Serious expression, bald head, square face, dark skin, 40 years old, wearing formal white shirt with tie, upper body close-up, modern office background, realistic live-action photography--ar 2:3	

第二步　拍摄场景生成

接下来，根据服装的风格和预期市场，设计并生成合适的拍摄背景和场景。例如，街头风格的服装可以选择城市街景作为背景，而高端时装则可能更适合简约且优雅的工作室背景。AI 可以帮助快速构建多种环境，实现背景与服装风格的完美匹配。场景图生成的提示语和效果图示例如表 2-15 所示。

生成模特场景时需要注意的是，在描述服装产品特征时，需尽量保持其品类、颜色、长度等细节特征一致，这样方便确保后续服装替换的自然度和一致性，尽量降低"违和感"。如图 2-66 所示，我们选择一个合适的拍摄场景，用于后续产品和模特信息替换。

适配海报场景

图 2-66　拍摄场景生成

第三步　服装产品替换与精修

有了模特场景图后，下一步就要在生成的模特形象上试穿不同的服装产品。这一步骤中，我们需要借助第三方工具提升服装在模特身上的外观效果和贴合度，为了操作方便，我们以 PPT 为例进行介绍，在实际应用过程中大家可以采用 PS 等更专业的工具来进行替换操作。

由于复杂服装（如有复杂的 Logo、花纹、设计等）的替换后期需要借助 PS 等专业工具进行处理，所以这里我们选择比较简单的服装（如风衣、单色 T 恤等）作为示例。首先我们需要先完成产品抠图。使用 PPT 的"图片工具 – 设置透明

表 2-15 常见服装海报场景提示语与效果图

性别	模特描述和动作	服装描述	拍摄地点	视角	镜头类型	照明	提示语	Midjourney 效果图示例
女性	身高1.7米,摆拍,全身像	夏装连衣裙	咖啡店	正视图	中景	环境光	A female model with a height of 1.7 meters, wearing a summer dress, posing for a pose, full-body portrait, in a coffee shop, front view, middle view, ambient light --ar 2:3--s 500	
女性	身高1.7米,摆拍,全身像	英式长款风衣	街头	正视图	中景	环境光	A female model with a height of 1.7 meters, wearing a British style long and wide trench coat, posing for a full body portrait, in the street, front view, mid shot, ambient light--ar 2:3--s 500	

续表

性别	模特描述和动作	服装描述	拍摄地点	视角	镜头类型	照明	提示语	Midjourney 效果图示例
男性	身高 1.8 米，摆拍，全身像	时尚休闲装，包括牛仔裤和 T 恤	城市公园	侧视图	全景	自然光	A male model with a height of 1.8 meters, wearing casual style jeans and T-shirt, posing for a full body portrait, in a city park, side view, wide shot, natural light--ar 2:3--s 500	
男性	身高 1.85 米，手插口袋，站姿轻松	正式商务装，深色西装外套，搭配领带	现代办公楼前	正视图	中景	晨光	A male model with a height of 1.85 meters, hands in pockets, casually standing, wearing a dark business suit with a tie, posing for a mid shot, in front of a modern office building, front view, morning light--ar 2:3--s 500	

色 / 智能抠图"把白色背景抠去（如图 2-67 所示）。

产品抠图

图 2-67　产品图抠除背景

抠除背景后，我们需要进行简单的"叠加工作"。如图 2-68 所示，我们使用 PPT 将产品图叠放到 AI 生成的拍摄场景图上方，给模特手动穿上我们的服装产品。这里需要注意的是，尽量让我们的产品覆盖住模特原有的衣服，不需要完美贴合，但尽量不要露出太多原有服装的细节。如果希望效果更好，可以使用 PS 工具进行贴合处理。

场景图+产品图叠加

拼接

图 2-68　场景图和产品图叠加

叠加完成后，我们将叠加后的图片上传给 Midjourney，使用垫图功能，同时上传我们的产品图和叠加后的效果图，如图 2-69 所示，在垫图的基础上，通过文字提示语 "A female model with a height of 1.7 meters, wearing a British style long and wide trench coat, posing for a full body portrait, in the street, front view, mid shot, ambient light —iw 2" 来生成最后的替换成品图。需要注意的是，在提示语中，我们可以把 —iw 权重调整为最高值 2，这样让 AI 生成的图片尽可能贴近我们上传的两张参考图的效果。

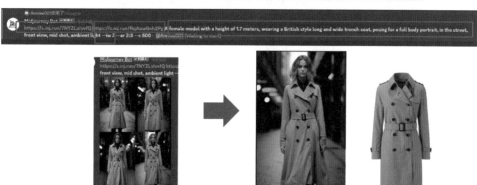

图 2-69　产品替换与模特图生成

第四步　**模特形象统一**

最后一步是调整和统一模特的最终形象，确保照片中模特的人脸信息和风格一致。生成了图 2-69 所示的效果图后，我们再利用上一节中所介绍的 "InsightFaceSwap" 工具来完成"换脸"操作。将模特图中的形象替换为我们在第一步中所生成的固定模特形象图。

如图 2-70 所示，完成"换脸"操作后，我们可以得到若干张脸部形象统一、场景差异化、服装差异化的平面模特照。如果要适配专业化的应用场景，还可进一步使用其他设计软件对图片效果进行精修处理。

图 2-70　使用 InsightFaceSwap 统一模特形象

此外，对于商业级应用而言，可采用可灵虚拟换装（https://klingai.com/try-on）和元裳（https://metashang.cn）等专业级平台来进行虚拟模特生成和换装应用。

2.4.4　如何用 AI 设计企业 IP 与周边？

除了 Logo，IP 形象也是一家企业对外传达品牌文化和价值观的重要视觉载体。对于消费者而言，一个鲜明且富有吸引力的 IP 形象能够加深品牌记忆，提升品牌忠诚度，同时增强与品牌之间的情感联系。企业通过塑造独特的 IP 形象，不仅能够在竞争激烈的市场中脱颖而出，还能够借此形象开发一系列周边产品，从而拓展市场影响力和商业收益。

一方面，AI 的应用为企业 IP 形象设计提供了无限的创意可能性和高效的执行力。AI 工具能够通过学习大量的数据和现有的艺术作品，快速生成多样化的设计方案，这些方案不仅创意新颖，而且能够精准地契合品牌定位和市场需求。另一方面，AI 也为企业 IP 周边开发应用提供了强大支持。利用 AI，企业可以轻松设计并模拟各种周边产品的样式和功能，如服装、玩具、数字应用等，大幅度降低了产品设计与开发的成本和时间。

从具体操作来看，我们需要用 Midjourney 去生成企业 IP 形象，进一步利用 Canva 去进行周边产品设计。对于还没有自有 IP 形象的企业而言，Midjourney

为 IP 形象设计提供了无限的可能性。我们可以将自己期望中的 IP 形象传达给 Midjourney，通过提示语调优和"开盲盒"去探索最适配企业特质的 IP 形象。我们可以先提炼 IP 形象特征（如表 2–16 所示），再让 AI 基于相关特征去进行具象化设计。

表 2–16　企业 IP 形象特征梳理示例

特征类别	描述项	示例
外观描述	体型和姿态	高矮、苗条、魁梧；活跃、稳重等
	面部特征	眼睛大小、脸型、表情等
	皮肤 / 表面	颜色（如青铜色、浅蓝色），纹理（如光滑、毛茸茸、金属感等）
着装和饰品	服装风格	正式、休闲、古装、未来装束等
	颜色方案	与品牌色彩一致或为形象增添特定情感色彩
	饰品	帽子、眼镜、手表、首饰等增强形象的个性和识别度
动态或行为	动作	站立、坐、行走、跳跃等
	互动	与其他品牌元素或产品互动的方式
表情和情感	表情	微笑、严肃、惊讶等
	情绪表达	友好、智慧、勇敢、幽默等
环境和背景	场景描述	城市、自然、办公室、家庭等
	环境元素	具体物体或与品牌相关的元素，如办公设备、自然景观等

综合表 2–16 所示相关要素，我们可以提炼一个提示语示例 "Design a corporate mascot for a tech startup. The character should be a young, energetic robot with a slim, sleek design, expressing curiosity and intelligence. It should wear casual yet futuristic attire, predominantly in blue and silver, with a small digital watch as an accessory. Always depicted with a friendly smile, performing dynamic actions like explaining or presenting, set against a modern office background."（ChatGPT 生成），并使用 Midjourney 进行设计，如图 2–71 所示。

如果你暂时没有具体的想法，也可以直接传达企业的价值理念和基本情况，让 AI 帮你去设计企业 IP 形象。提示语中可以没有 IP 的细节形象，但需要包括表 2–17 所示相关要素。

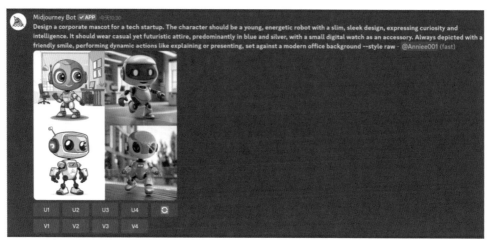

图 2–71　AI 生成企业 IP 形象示例 I

表 2–17　企业 IP 形象设计提示语要素

要素类别	描述内容	示例	关键词
品牌价值理念	清晰概述企业的核心价值和宗旨	我们的公司致力于在技术领域实现可持续性与创新，旨在创造能够赋能社区的环保解决方案	可持续性，技术创新，社区赋能
目标市场和受众	描述目标受众的特征和需求	我们的目标客户为对环保和技术进步感兴趣的城市年轻职业人士，他们追求创新解决方案并注重社会责任	城市年轻职业人士，环保，技术进步
企业文化和风格	描述企业的文化特征和工作环境风格	我们的企业文化深植于开放创新，具有动态且年轻的氛围，与前瞻性思维的个体产生共鸣，鼓励创意和自由表达	开放创新，动态，年轻，前瞻性思维
期望的情感影响	描述企业希望 IP 形象传达的情感	我们希望我们的 IP 能够传达出可靠、友好和平易近人的情感，以及对创新和可持续性的承诺，使品牌形象更加亲和且易于接近	可靠，友好，平易近人，创新，承诺
视觉风格偏好	描述企业偏好的视觉设计风格	偏好现代且极简的视觉风格，以反映我们尖端技术解决方案的特点。这种风格强调干净的线条和简约的设计，体现出企业的专业性和前瞻性	现代，极简，干净的线条
功能和应用场景	描述 IP 形象可能被使用的场合和方式	IP 应具备足够的多功能性，能够用于数字营销活动、社交媒体和主要行业事件。它应成为连接品牌与消费者的桥梁，增强品牌参与度和市场活动的吸引力	数字营销，社交媒体，行业事件

续表

要素类别	描述内容	示例	关键词
特定的要求或限制	说明在设计过程中需要考虑的任何特定要求	确保 IP 符合环境可持续性和企业责任的行业规范。所有设计和材料选择应考虑环保因素，支持公司的绿色倡议，同时保证设计的创意不受限制	环境可持续性，企业责任，创意不受限制

梳理完以上相关要素，我们可以让 AI 帮助我们生成完整的提示语 "Create a corporate mascot for a company committed to sustainability and innovation in technology. Targeting young urban professionals, our culture emphasizes open innovation with a dynamic and youthful vibe. We seek an IP that evokes reliability and friendliness, with a modern and minimalist style, suitable for use in digital marketing and social events. The design must align with regulations on environmental sustainability. --style raw"。最终得到图 2–72 所示 IP 形象，如果有理想的 IP 形象参考，也可参照前述内容中的垫图操作进行模仿性刻画。

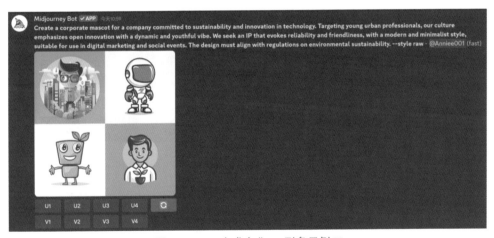

图 2–72　AI 生成企业 IP 形象示例 II

有了确定的 IP 形象后，首先我们需要对 AI 生成的图片进行高清化和抠图处理（尽量选择纯色背景图片，方便抠图操作），然后用设计工具 Canva 来进行后续处理。需要注意的是，Canva 包括国际版和国内版两个版本（如图 2–73 所示，区分网址后缀），两个版本适配的社交媒体工具、插件应用等均有所差异。一般而言，国际版本的 Canva 功能更全，涵盖更多 AI 应用，但对于网络条件存在一定限制要求。

图 2-73 Canva 的国际版（上）和国内版（下）入口

我们此处以国际版 Canva 为例进行讲解示例。注册登录 Canva 后，选择"创建设计"–"白板"（演示文稿等也可以）（如图 2-74 所示）。新建文件后，选择页面左侧功能区的"上传"文件，将我们使用 Midjourney 创建好的企业 IP 形象导入（尽量导入抠图后透明背景的图片）。

上传图像后，选中图像点击"编辑图像"，在功能选项区选择"Mockups"

应用（该应用仅国际版 Canva 有）（如图 2–75 所示），可进一步利用该 IP 形象去进行系列周边设计。

图 2–74　Canva 新建设计和上传 IP 形象图片

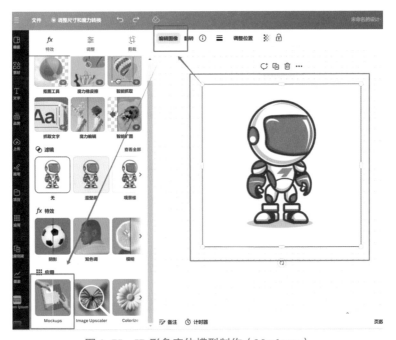

图 2–75　IP 形象实体模型制作（Mockups）

Canva 中提供了丰富的模板可供选择，包括衣服、手机壳、画册、水杯、提包等（如图 2-76 所示），通过简单的编辑我们就可以得到一系列企业 IP 形象周边，进一步可通过 POD（按需定制）平台进行定制化生产和销售。

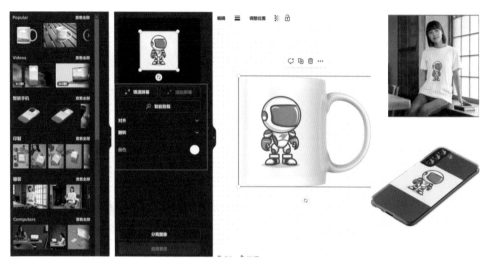

图 2-76　企业 IP 形象周边设计

2.4.5　如何用 AI 批量设计名片？

上一节中我们介绍了 Canva 在设计绘图中的使用，作为设计领域的领先软件，Canva 以其用户友好的界面和广泛的模板库受到了许多非专业设计师的喜爱。通过组合应用 Midjourney、ChatGPT 等 AI 工具，可以将 Canva 的设计功能最大化发挥，使其不仅仅限于简单的图形设计任务。这一节我们将一起看下 Canva 在批量生成设计稿（如名片、海报）中的应用。

在 Canva 平台上，用户可以利用其丰富的模板和设计元素快速创建多个版本的设计稿。例如，在制作名片时，用户可以选择一个基础模板，通过简单的操作就能根据不同的需求调整文本、颜色和图像，并基于自动化信息填充快速生成一系列个性化的名片。同样，在海报设计中，Canva 的批量功能允许用户应用一致的布局和视觉风格，同时自定义每张海报的具体内容，如活动日期、地点和主讲人信息，极大地提高了工作效率。

我们以职场人的"标配"名片设计为例。首先我们在 Canva 中新建一个设计，选择"名片"。如图 2-77 所示，我们可以结合企业特征检索相关名片模板，选择合适的模板直接应用。

图 2-77　Canva 名片设计示例

　　针对模板中的相关设计元素，如颜色、Logo 图片、图形等，可进行替换和调整，确定名片框架后，我们就可以启动"批量创建"功能。如图 2-78 所示，选中名片，点击功能区的"批量创建"功能，便可进行文字内容的一键填充和替换。

图 2-78　设计元素修改与调整

在批量创建前，我们先准备好需要批量导入的文字数据。如图 2-79 所示，可以用 Excel 或者 CSV 文件提前将相关数据整理成表格形式。如果在名片中我们需要批量导入公司职员姓名、职位、邮箱、电话、地址等信息，可通过表格形式进行结构化梳理。

	A	B	C	D	E	F	G
1	Name	Position	Email	Phone	Website	Address	
2	John Doe	CEO	johndoe@example.com	555-0100	www.johndoe.com	123 Elm St.	
3	Jane Smith	CTO	janesmith@example.com	555-0101	www.janesmith.com	456 Oak St.	
4	Emily Johnson	CFO	emilyjohnson@example.com	555-0102	www.emilyjohnson.com	789 Pine St.	
5	Michael Brown	VP of Marketing	michaelbrown@example.com	555-0103	www.michaelbrown.com	101 Maple St.	
6	Jessica Davis	Chief Engineer	jessicadavis@example.com	555-0104	www.jessicadavis.com	202 Birch St.	
7	Daniel Wilson	Product Manager	danielwilson@example.com	555-0105	www.danielwilson.com	303 Cedar St.	
8	Laura Moore	HR Director	lauramoore@example.com	555-0106	www.lauramoore.com	404 Spruce St.	
9	David Taylor	Sales Manager	davidtaylor@example.com	555-0107	www.davidtaylor.com	505 Ash St.	
10	Sophia Anderson	Customer Support Lead	sophiaanderson@example.com	555-0108	www.sophiaanderson.com	606 Chestnut St.	
11	James Thomas	Operations Manager	jamesthomas@example.com	555-0109	www.jamesthomas.com	707 Walnut St.	
12							
13							

图 2-79 填充数据文件准备

然后在 Canva 中上传准备好的表格数据，并对表格中的各个数据字段进行"关联"。如图 2-80 所示，导入数据后，依次选择名片中的姓名、电话、邮箱等文本框，选择"关联数据"功能，并匹配表格中的相关字段。如果选择姓名文本框，点击关联数据，选中"Name"，以此类推，完成对名片中所有文本区域的关联匹配。

图 2–80　数据关联与内容批量填充

匹配完成后，便可点击"继续" – "生成 × 个设计"完成名片的批量生成。如图 2–81 所示，Canva 会根据上传到表格中的信息条目，生成相应数量的名片。

图 2–81　批量生成名片设计

除了批量生成名片，在海报、宣传册等设计稿的生成中，也可应用 Canva 的批量创建功能，一键导入不同的文案信息，进行自动化填充和生成。通过 DeepSeek 等文本类 AI 批量生成宣传语，基于 Midjourney 等图片 AI 批量生成设计素材，基于 Canva 批量填充宣传文案和替换设计素材，可以实现从初始概念到创意产品的高效转化。诚然，无论是企业营销物料还是个性化交互设计，都需要创意的激发和技术的加持，AI 在很大程度上降低了我们的操作复杂性，解放了我们的创造力，但是个性化要素、创意深度和情感温度仍需要人类直觉和审美的参与，这也正是人机协同的要义所在。

AI 音频生成与情感交互

声音是传递信息的载体，相比于文字，声音更加具备情感色彩，往往能传达出字面含义之外的信息。AI 音频的应用让声音信息的传递更加便捷，我们可以选择自己喜欢的声音、自己需要的语种讲解和播报，甚至创作歌曲，进行艺术化表达。通过 AI 音频技术，企业能够定制品牌声音，提高品牌识别度和亲和力。同时，个性化的语音助手和客服系统能够提供更自然、更人性化的互动体验。AI 音频正在改变我们与世界互动的方式，赋予声音新的力量和可能性。掌握基础的 AI 音频工具，对于职场沟通和品牌宣传有重要作用。

3.1 AI 音频工具汇总

在第一章我们介绍了语音转文本进行会议记录的智能工具，本章我们介绍音频生成类工具，即通过文字、语音、图像等指令驱动，直接生成对应的音频信息。整体来看，目前 AI 音频生成工具可以分为两大类：基于 TTS（Text-to-Speech，文本转语音）的 AI 语音工具和基于预训练模型的 AI 音乐工具。

3.1.1 AI 语音工具有哪些？

基于 TTS 的 AI 语音工具能够将文本内容转化为自然流畅的语音。这些工具支持多种语言和语音风格，用户可以选择自己喜欢的声音进行信息播报、语音提示以及自动化客服服务。此外，TTS 技术还被广泛应用于教育领域，帮助视障人士和语言学习者更好地获取信息。本书将常见的 AI 语音工具总结如下（见表 3-1）。

表 3–1 常见 AI 语音工具

工具名称	功能特点
ElevenLabs	文本转换音频、语音克隆技术、角色声音生成、多语言支持、高保真度
腾讯智影	文本配音、语速调节、多音字纠正、中文适配、数字人播报
讯飞智作	AI 音视频生成、多功能定制、文本转语音、虚拟主播、场景多样、语言丰富
剪映 AI 克隆音色	AI 克隆音色、快速克隆、个性定制、操作简单、音质优越
字节火山语音	音频生成、多场景应用、真实自然、高效数据
微软语音	情感丰富、多角色支持、自然流畅、广泛适用、创作辅助
OpenAI Voice Engine	15s 声音克隆、情感丰富、多语言支持、自然度高、多方面应用
大饼 AI 变声	实时变声、音色多样、高质量、简单易用、多场景支持

3.1.2 AI 音乐工具有哪些？

AI 音乐工具能够根据用户输入的主题、歌词、音乐风格等要求生成原创音乐。通过分析大量音乐数据，学习不同风格和结构的音乐模式，这些工具可生成高度个性化和专业的音乐作品。AI 音乐工具不仅可在广告、电影和游戏中广泛应用，还为个人创作提供了无限的创意可能性，使得每个人都能成为音乐创作者。常见 AI 音乐工具梳理如下（见表 3–2）。

表 3–2 常见 AI 音乐工具

工具名称	功能特点
Suno AI	快速创作、多语言支持、多样化风格、高音质输出、指令响应改进、专有水印技术、个性化创作、广泛应用场景
Stable Audio	AI 音频生成、多样化风格、音频转换、风格转换、高质量输出、立体声效果、高效生成、灵活定制、商业授权、简单易用
udio	多样接口、高效传输、广泛应用、技术先进
Mubert	AI 生成音乐、多风格选择、高质量音频、实时生成、智能匹配、易于使用、自定义设置、创新技术、多样化选择、高效便捷
口袋乐队 APP	音乐创作、乐器模拟、编曲伴奏、AI 技术支持、演奏技巧丰富、免费使用、风格多样、实时更新、哼唱写歌、舞台自定义、功能丰富、技术先进、体验佳

工具名称	功能特点
和弦派 APP	AI 智能创作、模板创作、AI 编曲引擎、AI 伴奏生成、简单易用、高度可定制、高效便捷、功能全面、技术先进、体验佳
X Studio	虚拟演播室、音视频制作、信号源丰富、三维场景制作、转场特效、推流直播、操作简便、功能强大、技术先进
ACE Studio	虚拟演播、音视频制作、多信号源、三维场景、转场特效、推流直播、操作简便、技术领先
网易天音	AI 音乐创作、多种音乐类型、全方位工具、创作周期短、技术先进、易用性高、版权明确
AIVA	AI 音乐创作、多种风格预设、AI 驱动、情感丰富、简单易用、高度可定制

3.2　AI 音频创作技巧

考虑到操作门槛和使用便捷度，我们分别选取 AI 语音工具中的 ElevenLabs 和 AI 音乐工具中的 Suno AI 来进行示范操作。

3.2.1　如何用 AI 生成不同语音？

ElevenLabs 是一款在线的 AI 语音生成工具，专注于生成自然且富有情感的语音内容，目前被大量应用到各种 AI 语音生成场景中。该平台具备以下核心功能：

文本转语音（TTS）：ElevenLabs 提供高质量的文本转语音服务，支持 29 种语言和多种口音。用户可以选择不同的声音并调整语音风格，生成自然流畅的语音内容。

语音克隆：可以上传一段语音样本至该工具，然后克隆该声音。用户可以选择即时语音克隆（或专业语音克隆），这适合短期项目（适合有高保真度需求的项目，如有声读物和播客）。专业语音克隆需要更长的处理时间，但生成的语音更为逼真。

多场景应用：ElevenLabs 的语音生成技术适用于多种场景，包括内容创作、教育材料、游戏配音和虚拟助手。它还能提供沉浸式的声音体验，增强用户互动的真实感。

API 集成：ElevenLabs 提供强大的 API 接口，允许开发者将 AI 语音技术集成到自己的应用程序、网站和聊天机器人中。

使用 ElevenLabs 生成语音的具体操作包括以下三个步骤：

第一步　在线登录与文本输入

个人用户可以直接注册账号进行试用。ElevenLabs 支持不同订阅版本，支持不同角色模板和生成时长，用户可按需选择订阅（见图 3–1）。

图 3–1　ElevenLabs 订阅版本示例

注册并登录后，用户将进入 ElevenLabs 的主界面。在这里，用户可以选择"TEXT TO SPEECH"（文本转语音）或者"SPEECH TO SPEECH"（语音转语音）功能。前者能够将输入的文本转换为自然流畅的语音，后者能将"你的语音"转换成"其他人的语音"（见图 3–2）。如果你没有任何想法，只想体验下这个工具，也可以选择页面下端的提示语，比如讲个故事、说个笑话、编个广告等。ElevenLabs 会帮你完成文本的撰写并将其进一步转换成语音。

第二步　选择语音及调节参数

在输入要读的文本后，可以进一步选择"朗读者"角色。ElevenLabs 提供多种角色、风格、口音和语言的语音模板供选择。你可以浏览预设的语音库，选择特定语音角色进行试听，当然，如果都不满意，你也可以去"克隆"自己的声音，在后续内容中我们会详细介绍。

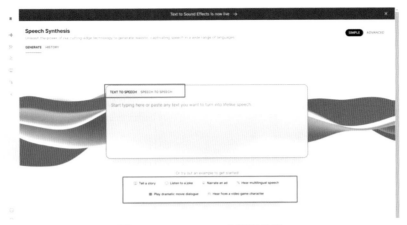

图 3-2　ElevenLabs 主界面示例

除了选择角色，还可进行更多专业化的设置，在图 3-3 所示的 ElevenLabs 设置界面中，有多个参数可以调节，以优化生成的语音效果。

语言模型选择：ElevenLabs 支持 29 种语言，用户可以根据需要选择不同的语言模型进行语音合成。例如，Eleven Multilingual v2 可支持中文等语种的音频制作。

Stability（稳定性）：从 "More variable"（更多变化）到 "More stable"（更稳定），用以控制生成语音的稳定性。将滑动条向 "More stable" 方向调节，可以使语音听起来更加一致和平稳；向 "More variable" 方向调节，则增加语音的自然变化和波动，适合需要更加自然和灵活表达的场景。

Similarity（相似度）：从 "Low"（低）到 "High"（高），用以调节生成语音与输入样本的相似程度。将滑动条向 "High" 方向调节，可以生成与原始样本更为相似的语音；向 "Low" 方向调节，则语音与样本的相似度降低，更个性化。

Style Exaggeration（风格夸张程度）：从 "None"（无）到 "Exaggerated"（夸张），用以控制语音风格的夸张程度。将滑动条向 "Exaggerated" 方向调节，会使生成的语音在表达上更具戏剧性和夸张感，适合需要强烈表现力的场景；向 "None" 方向调节，则生成的语音更加平实和自然。

Speaker boost（扬声器增强）：开 / 关，用于增强 / 降低语音的音量和清晰度。当开启时，可以提高生成语音的响亮度，使其在嘈杂环境中更易被听见。

这些参数设置使 ElevenLabs 能够生成高度定制化的语音内容，满足不同用户和应用场景的需求。

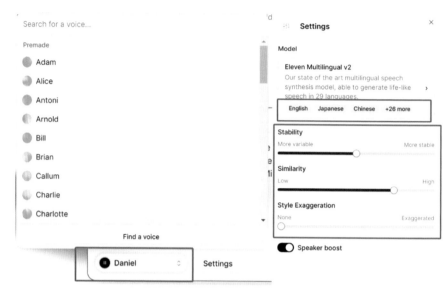

图 3-3　ElevenLabs 角色选择和属性设置示例

第三步　语音生成

　　在选择了合适的 AI 语音后，就可以按"GENERATE"开始生成语音（见图 3-4）。生成后可以在页面下方的音频播放区进行试听和下载。

图 3-4　ElevenLabs 文本生成语音示例

平台上有语音模板，但如果你需要更个性化的语音，还可以使用 ElevenLabs 的语音克隆功能。上传一段清晰的语音样本，系统将根据样本生成克隆语音。可以选择即时语音克隆或专业语音克隆，前者适合快速项目，后者适合有高质量要求的内容。其他语音生成工具和 Elevenlabs 使用方法基本相似，大家可以结合个人需求选择性尝试使用。

3.2.2　如何用 AI 生成原创歌曲？

除了使用 AI 生成"声音"和"对话"，AI 作曲也成了近年来越来越热门的应用。AI 可以分析大量的音乐数据，学习不同风格和流派的音乐结构，从而创作出全新的曲目。AI 作曲不仅能够帮助音乐家和制作人快速生成背景音乐和主题曲，还能够为电影、广告和视频游戏提供定制化的音乐解决方案。AI 正在逐步改变音乐创作的传统方法，开启音乐创新的新纪元。对于企业而言，通过 AI 作曲生成企业专属主题曲、宣传片配乐、社交媒体推广音乐，也成为一种全新的尝试。

以 AI 音乐工具 Suno 为例。Suno AI 是一个革新性的人工智能音乐创作工具，用户仅通过文本提示就能借助它生成包含旋律和歌词的完整歌曲，或者是纯器乐作品。这一平台自 2023 年 12 月通过网络应用程序推出并与微软合作以来，已经开放使用，目前支持包括中文、英文在内的 50 多种语言。Suno 的核心技术包括两个主要的 AI 模型，名为"Bark"和"Chirp"，Bark 负责添加旋律，而 Chirp 则负责编织复杂的音乐图案。

就具体操作而言，Suno AI 的使用非常简便。首先，用户需要在 Suno 的网站上创建账户。登录之后用户可以选择任意音乐风格、提供歌词（可选）、描述歌曲的主题或情绪，然后点击生成按钮，系统将基于这些输入信息生成两段不同的歌曲片段。用户可以试听这些片段，选择最喜欢的一个继续创作，或者尝试不同的音乐风格来改变曲调。下面我们来看下 Suno 的具体使用方法。

【基础使用：风格选择与文生音乐】

进入 Suno 主页，用户注册并登录后即可免费使用，每天可获赠 50 积分（大概可以制作 10 首歌曲）。如图 3–5 所示，Suno 主页会展示当下最流行的 AI 歌曲，点击后可以直接播放。在左侧功能栏，选择"Create"即可进入歌曲创作界面。

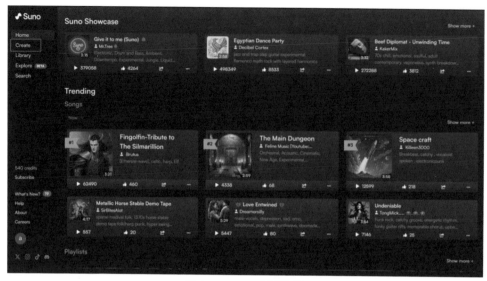

图 3-5　Suno 主页示例

　　Suno 支持两种创作模式（见图 3-6），其一是"默认模式"，也即不勾选
"Custom"状态下，用户直接输入"Song Description"（歌曲描述）来自动生成歌

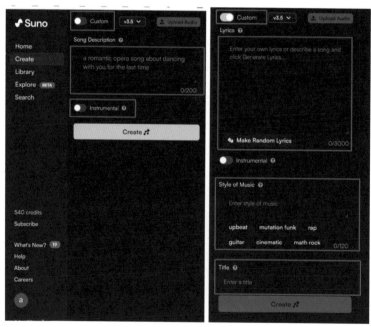

图 3-6　Suno 的"默认模式"和"自定义模式"

词和歌曲，在这种模式下用户无须自己输入歌词，也不用选择曲风或者进行其他设置，只需要给出歌曲主题和曲风关键词（如同 Midjourney 绘画一样，不同的是 Suno 支持中文输入），Suno 便能自动生成完整的歌曲；第二种模式是"自定义模式"，需要用户打开"Custom"，在自定义模式下用户输入歌曲名称和完整的歌词，也可以让 Suno 针对输入的歌词进行优化和调整，同时还可以选择不同的曲风，Suno 会根据相关参数设置生成歌曲。

如果用户想生成纯音乐（没有歌词和人声，只有乐器演奏），那么可以勾选"Instrumental"（乐器演奏），这样 Suno 就可以生成对应的旋律。下面依次来看一下不同模式生成音乐示例。

首先让 Suno 生成一段中国风的古筝乐：在默认模式下输入关键词"大江东去，浪淘尽，千古风流人物，中国风，古筝，武侠，摇滚"，说明歌曲主题内容、曲风、乐器风格等，然后勾选"Instrumental"，得到图 3–7 所示纯音乐。

图 3–7　Suno 生成中国风纯音乐示例

下面再来看下用 Suno 生成歌词和音乐示例。同样在默认模式下输入关键词"大江东去，浪淘尽，千古风流人物，中国风，武侠，硬核摇滚"，Suno 根据提示语会生成两段音乐（含歌词和旋律），每段音乐通常在 2 分钟左右，选择合适的音乐点击"…"可以进行下载。生成示例如图 3–8 所示。

如果用户希望"续写"该歌曲，从而完成一首完整的歌曲，可以选择指定歌曲，点击"Extend"，填写要续写的歌词、曲风等内容。如图 3–9 所示，AI 会延续用户指定的风格和旋律，根据填写的歌词完成对该歌曲的"续写"。

图 3-8　Suno 生成中国风歌曲示例

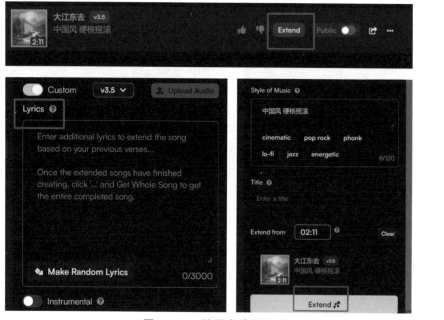

图 3-9　AI 续写音乐示例

　　通过"Extend"功能用户还能完成对"热门歌曲"的模仿和复刻。如图 3-10
所示，用户可以在 Suno 首页（Home）看到 AI 歌曲的热门排行榜，点击试听，
如果有非常喜欢的音乐风格，可以点击该歌曲右下角的"…"，选择"Extend"
延续该歌曲的曲风进行续写。输入想表达的主题和歌词，模仿该歌曲的曲风和旋
律生成音乐内容。

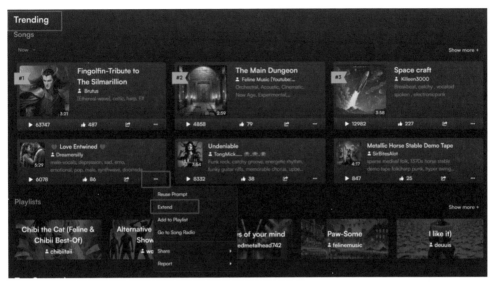

图 3–10　热门歌曲的"复刻"

选择"Extend"后会进入歌曲的自定义模式，输入自创歌曲的标题和歌词后，选择"Extend"即可延续热门歌曲的旋律生成新的音乐。如图 3–11 所示，模仿生成的音乐和原音乐在曲风、旋律、人声等方面均保持高度的一致性和相似度，这在很大程度上降低了用户自创歌曲的不确定性和不稳定性。

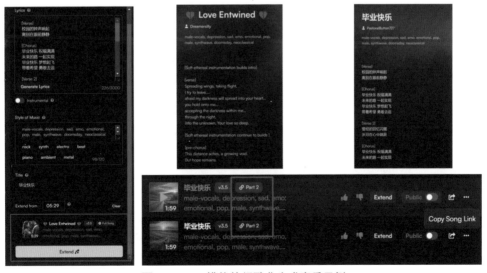

图 3–11　AI 模仿热门歌曲生成音乐示例

【进阶使用：音乐属性调节与元标签使用】

除了使用"默认模式"一键生成音乐，还可以开启"自定义模式"（Custom）对音乐风格、歌词等属性进行精细化调节。在音乐的精细化调节中，"元标签"（Meta Tags）的使用必不可少。

"元标签"是一种用于控制 AI 生成音乐效果的标记语言，通常用"[]"进行标记。它可以对音乐结构、风格、乐器、类型、情绪等多种属性进行标记。核心功能和使用方法如下。

1. 歌曲结构定义

元标签的核心功能是定义歌曲的结构，例如使用 [Verse]、[Pre-Chorus]、[Chorus] 等标签来标记歌曲的各个部分。这些标签帮助 AI 确定歌曲的组成、如何过渡，以及每个部分应持续的时间。常见歌曲结构标签如表 3–3 所示。

表 3–3　常见歌曲结构标签示例

结构部分	元标签	描述
前奏	Intro	歌曲的开头部分，用于引入主题，设定歌曲的基调和气氛
副歌	Chorus	歌曲的核心部分，通常包含主旋律和最易记的歌词，多次重复出现
节	Verse	用于讲述故事或展开主题的部分，每个节的旋律相同，但歌词不同
过渡段	Bridge	用于提供歌曲的对比或转折，常常带来新的旋律或和弦进展
间奏	Instrumental	一段不包含歌词的乐器独奏或乐队演奏，用来突出音乐性或提供休息
尾奏	Outro	歌曲的结尾部分，用于结束歌曲，常常是渐弱或重复前面的某个主题
（前）副歌	Pre-Chorus	位于副歌前的过渡部分，用以构建悬念并引领至副歌
合唱	Refrain	歌曲中重复出现的一行或几行歌词，通常与副歌的概念相似，作为歌曲的钩子

2. 基础音乐风格的选择

通过特定的音乐风格标签来设定歌曲的基本音乐背景和整体感觉，如硬核摇滚 [Hard rock] 或 [Funk]，用户可以用这些风格标签让 AI 对特定部分的曲风进行调整。常见音乐风格如表 3–4 所示。

表 3-4　常见音乐风格示例

英文名称	中文名称	描述
Funk	放克	一种强调节奏和低音的舞曲风格,起源于 20 世纪 60 年代的美国
Jazz	爵士	一种起源于 20 世纪初美国的音乐风格,强调即兴演奏和复杂的和弦结构
Rock	摇滚	一种起源于 20 世纪 50 年代的美国,以电吉他为主要乐器的流行音乐风格
Classical	古典音乐	欧洲音乐传统中的一个流派,以管弦乐队和室内乐的形式呈现
Hip Hop	嘻哈	20 世纪 70 年代起源于纽约的音乐和文化风格,强调韵律和说唱
Blues	蓝调	起源于非裔美国人的音乐传统,表达忧郁的情感和生活中的挑战
Electronic	电子音乐	以电子合成器和计算机技术为基础,制造出各种声响和节奏的音乐
Reggae	雷鬼	20 世纪 60 年代起源于牙买加,节奏轻松,歌词具有政治性

3. 独奏乐器的选择

元标签还允许用户选择具体的独奏乐器部分,如 [Guitar Solo A] 或 [Drum Solo B]。这种选择提供了创作的细化选项,可以突出特定乐器的表演。

示例:

[Guitar Solo] 在特定段落生成一段吉他独奏。

[Piano Break] 插入一段钢琴独奏来增加情感深度。

4. 声音类型的选择

通过声音类型标签如 [Male Voice] 或 [Female Voice],用户可以指定歌曲中的人声类型,从而确定歌曲的表达方式和情感传达。

示例:

[Male Voice] 选择男声进行歌曲演唱。

[Female Voice] 选择女声来增加柔和度或力量感。

5. 歌曲情绪的设定

情绪标签如 [Happy song] 或 [Sad song] 让用户可以设定歌曲传达的基本情绪,从而结合歌词内容来调整歌曲的整体调性。

示例:

[Happy song] 生成快乐和积极向上的旋律。

[Melancholic] 创作出带有忧郁或深思的音乐背景。

通过以上这些元标签,用户不仅能够控制 AI 创作的音乐风格和结构,还能精确地影响音乐的情感和表达方式,从而创作出符合个人或项目需求的独特音乐。

自定义模式下,我们可以在歌词(Lyrics)输入区域对不同段落歌词进行元标签标记(见图 3–12),从而实现对特定部分音乐内容的精准控制。

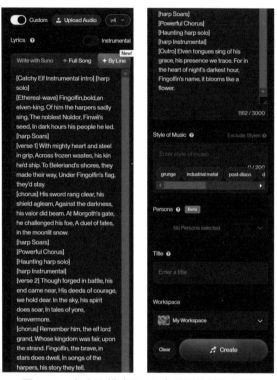

图 3–12　自定义模式下 AI 音乐属性编辑示例

从图 3–12 中我们可以看到,歌词(Lyrics)中加入了大量元标签,如下所示:

[Catchy Elf Instrumental intro] [harp solo]

[Ethereal-wave] *Fingolfin,bold,an elven-king. Of him the harpers sadly sing, The noblest Noldor, Finwë's seed, In dark hours his people he led.*

[harp Soars]

[verse 1] *With mighty heart and steel in grip, Across frozen wastes, his kin he'd ship. To Beleriand's shores, they made their way, Under Fingolfin's flag, they'd stay.*

[chorus] *His sword rang clear, his shield agleam, Against the darkness, his valor did beam. At Morgoth's gate, he challenged his foe, A duel of fates, in the moonlit snow.*

[harp Soars]

[Powerful Chorus]

[Haunting harp solo]

[harp Instrumental]

[verse 2] Though forged in battle, his end came near, His deeds of courage, we hold dear. In the sky, his spirit does soar, In tales of yore, forevermore.

[chorus] Remember him, the elf lord grand, Whose kingdom was fair, upon the strand. Fingolfin, the brave, in stars does dwell, In songs of the harpers, his story they tell.

[harp Soars]

[Powerful Chorus]

[Haunting harp solo]

[harp Instrumental]

[Outro] Elven tongues sing of his grace, his presence we trace. For in the heart of night's darkest hour, Fingolfin's name, it blooms like a flower.

元标签可以对音乐结构、乐器使用、音乐风格等进行标记，表 3–5 对示例音乐中元标签的作用作了总结。

表 3–5　示例音乐中元标签作用解释

元标签	描述
[Catchy Elf Instrumental intro]	动听的精灵乐器前奏，设定歌曲的奇幻氛围
[harp solo]	独奏的竖琴部分，凸显柔美和悠扬的音色
[Ethereal-wave]	表示飘渺、超凡脱俗的音乐风格，通常有着梦幻般的质感
[harp Soars]	竖琴音乐的高潮部分，音调高昂，带有一种上升或飞翔的感觉
[verse 1]	第一节，描述音乐的第一部分
[chorus]	副歌，歌曲中重复的部分，强调主题和情感，通常包含核心信息和情感高潮
[Powerful Chorus]	强力副歌，增强了副歌的情感强度和影响力
[Haunting harp solo]	令人难忘的竖琴独奏，用竖琴的独特旋律创建深刻的印象和持续的回响
[harp Instrumental]	竖琴器乐部分，继续使用竖琴作为主要乐器，提供音乐背景和支持
[verse 2]	第二节，描述音乐的第二部分
[Outro]	结尾部分，结束歌曲并总结主题

除了歌词和元标签应用，在自定义模式下用户还需要输入音乐风格标签，如图 3-12 所示，在"Style of Music"区域可以自定义输入相关关键词，包括曲风、人声、情绪、音乐用途等。不同于元标签对特定部分内容进行的调整，该区域输入的关键词将对整首歌的特性进行调整。图 3-12 中相关音乐属性解释如表 3-6 所示。

表 3-6　示例音乐风格标签解释

词语	描述
Ethereal-wave	描述一种飘渺、梦幻的音乐风格，通常包含空灵的合成器声音和宽广的声场，常用于新世纪音乐和某些类型的电子音乐。
Harp	竖琴，一种古老的弦乐器，以其悠扬和平静的音色闻名，常用于古典音乐、民族音乐和放松音乐中。
Elf	在音乐中，通常与精灵或奇幻相关的主题相联系，用来描述具有神秘色彩或奇幻色彩的音乐风格，如在电影配乐或叙事音乐中表现精灵文化的曲目。

完成相关音乐属性调整后，可以得到图 3-13 所示示例音乐。该示例音乐为 Suno 官方平台热门音乐之一，用户也可以在此基础上进行进一步改编，借鉴其相关标签和属性生成属于用户的原创音乐。

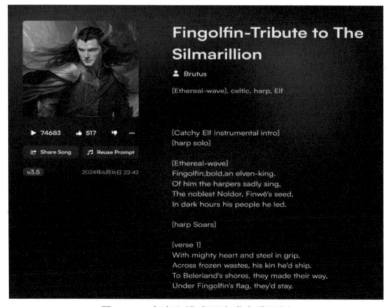

图 3-13　自定义模式下生成音乐示例

3.3 AI 音频职场应用

声音是企业和员工对外传播信息的重要载体。通过精心设计和挑选的声音，企业能够有效地传递其品牌理念、产品特性和企业文化；对于员工而言，声音也是展示个人形象和专业素养的重要方式，在与客户沟通、汇报工作等场合，清晰、自信、专业的声音能够显著提升个人的信任度和影响力。借助 AI 生成语音技术，我们可以更高频、稳定、快速地完成信息输出，完成文本信息到语音信息的同步转化。此外，AI 音乐创作也为广告、影视行业注入了活力，大大缩短了制作符合场景需求的音乐的周期。下面我们结合职场应用场景来讲解 AI 语音工具和 AI 音乐工具的具体应用。

3.3.1 如何让 AI 替你"读稿"？

可以使用各种文本转语音工具，将文本材料转换为听起来类似人声的音频。在前文我们介绍了 ElevenLabs 的应用——输入文本信息后，可以直接将文本转换为不同音色的语音。但 ElevenLabs 等海外应用对于中文的适配度仍需提升，在读音、停顿、语速等把控上也无法做到精细化调节。为了适配中文语境下的语音服务，我们选择腾讯智影进行操作介绍。

如图 3–14 所示，进入腾讯智影主页后可选择微信登录，点击"文本配音"即可进入 AI 语音生成界面，免费使用相关功能。

图 3–14 腾讯智影界面示例

如图 3-15 所示，在文本配音界面，用户可以输入自己要配音的文稿（8 000字以内），选择合适的音色进行试听，也可以根据场景筛选合适的音色——涵盖了新闻主播、影视播报、对话闲聊等不同场景下的适配音色。

图 3-15　腾讯智影文稿录入与音色选择示例

除此之外，腾讯智影还支持对文本内容进行一系列微调。如图 3-16 所示，如果在特定文本之间需要停顿，可将鼠标光标停留到对应区域，选择插入"停顿"，设置停顿时长，从而使得文稿朗读更加抑扬顿挫。

图 3-16　腾讯智影语音停顿时长设置示例

同时，该工具也支持速度和连读等功能。如图 3-17 所示，圈选住需要处理的文本，选择速度（可以慢速或者倍速），则可调整对应语句的朗读速度。如果特定词语需要连读，可以选中后加上"连读"标签。

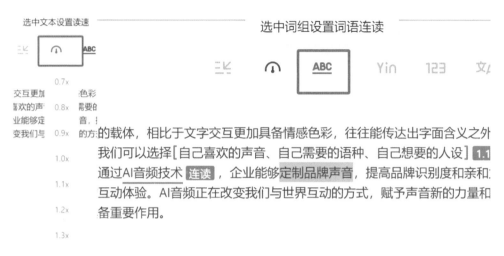

图 3–17　腾讯智影文本连读和速度设置示例

对于发音不准确（这也是 ElevenLabs 等国际软件最常见的通病）的字词，在腾讯智影中可以圈选住，设定其读音。对于需要特殊处理读音的字词，还可以"批量设置"，对全文中出现的字词统一进行读音校正（见图 3–18）。

图 3–18　腾讯智影文本字音 / 多音字设置示例

另外，如果文稿中涉及不同人物的对话，需要分人设进行配音，也可以指定特定语句的"发音人"。如图 3–19 所示，选中对应文本，可以指定该文本的发音人，对不同语句的音色进行个性化设置。

图 3-19　腾讯智影指定发音人设置示例

除了语音相关设置，腾讯智影也支持音效的插入和文本的润色。如图 3-20 所示，如果配音中需要特定音效支持，可以在功能区插入对应效果音，在内置模板中可检索不同场景、不同情绪、不同主题的效果音进行插入。同时，对于输入的文本，还可以利用 AI 进行改写、扩写、缩写等操作，实现对文稿的整体性润色。

图 3-20　腾讯智影音效插入和文本润色示例

在调整完成之后，便可以选择"试听"和"生成音频"。生成的音频可以在"我的资源"中进行查询，点击对应的音频文件，可以在线进行剪辑或者下载为本地文件（见图 3-21）。

通过 AI 工具进行"读稿"，不仅可以让枯燥的文本信息以更生动的形式进行传达，还可以帮助部分职场人士克服"发言羞涩"，提高表达的自信心。AI 语音工具的应用很大程度上扩展了内容的可及性，使职场信息传播有了更多可能性。

图 3-21　腾讯智影音频生成与下载示例

3.3.2　如何让 AI "同声传译"?

除了文本直接转语音,AI 语音工具也支持不同语种的输出。跨国企业或者外贸公司可以使用这一技术进行跨文化交流,确保所有员工和客户都能以自己的母语接收和理解重要信息。此外,AI 语音转换工具也可以在国际会议或远程工作中实时翻译,从而很大程度上提升沟通效率。

从具体操作来看,本书在前文介绍的 "通义听悟" 等工具可实现实时信息记录和翻译。如果是对已有音频或者文本进行转译处理,可以采用 ElevenLabs 等 AI 语音工具实现转译,具体可以分文本转语音和语音转语音两种实现方式。

【文本转语音】

首先来看第一种实现方式:先采用 AI 或者翻译工具把需要转译的内容翻译成目标语言,然后再录入给其他 AI 生成音频。目前 ElevenLabs 支持 29 种语音的输入(见表 3-7),如果需要输出粤语等方言内容,可以利用腾讯智影等国内公司开发的工具。

表 3-7　ElevenLabs 支持的语种

序号	语种	序号	语种	序号	语种
1	English(英语)	4	Indonesian(印尼语)	7	Greek(希腊语)
2	Japanese(日语)	5	Dutch(荷兰语)	8	Finnish(芬兰语)
3	Chinese(中文)	6	Turkish(土耳其语)	9	Croatian(克罗地亚语)

续表

序号	语种	序号	语种	序号	语种
10	German（德语）	17	Filipino（菲律宾语）	24	Malay（马来语）
11	Hindi（印地语）	18	Polish（波兰语）	25	Slovak（斯洛伐克语）
12	French（法语）	19	Swedish（瑞典语）	26	Danish（丹麦语）
13	Korean（韩语）	20	Bulgarian（保加利亚语）	27	Tamil（泰米尔语）
14	Portuguese（葡萄牙语）	21	Romanian（罗马尼亚语）	28	Ukrainian（乌克兰语）
15	Italian（意大利语）	22	Arabic（阿拉伯语）	29	Russian（俄语）
16	Spanish（西班牙语）	23	Czech（捷克语）		

如图 3–22 所示，输入特定语种文本后，选择适配的模型和音色，点击生成音频即可。

图 3–22　ElevenLabs 多语种音频生成示例

【语音转语音】

除了通过文本生成多语种音频，针对已有音频（或视频）内容，用户也可以使用 ElevenLabs 直接转换成其他语言内容。这种方式下可以做到音色不变、语调不变、内容不变，仅仅改变了语种。当下社交媒体平台上已有大量娱乐化应用，将国内知名人物的采访片段转译成英文（或将国际明星相关音频转译为中文）进行传播时，大众难以辨别真假，尤其是音视频涉及公众人物时存在极大侵权风险（见图 3–23）。

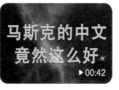

图 3–23　视频语音转译典型应用案例

从职场应用来看，将企业宣传、领导讲话、产品介绍等音视频内容予以语音转译并进行多语种传播，可以有效助推企业国际品牌建构和全球化传播。从具体操作来看，用户首先要进入 ElevenLabs 的 Dubbing 功能界面（见图 3–24），该功能支持表 3–7 所示 29 种语音的转译。

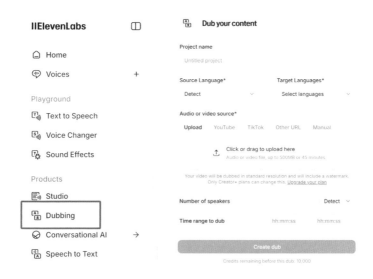

图 3–24　ElevenLabs 的 Dubbing 功能界面示例

选择 "Source Language"（源语言）和 "Target Language"（目标语言），上传需要转译的素材——可以是音频、视频或者其他在线社交媒体内容，然后选择 "Create dub"，便可实现对原始素材内容的多语种翻译。

如图 3–25 所示，我们上传了一段 AI 生成的中文视频，选择目标语言为英语，点击转译后，生成视频会自动转成英文版（背景音、效果音、角色音等都会保留），可选择在线预览或者下载到本地。

可以看到，翻译过来的内容和原始视频内容除了语种差异，基本能做到 "自然无瑕"，且原始视频音色的保留很大程度上降低了 AI 生成语音的生硬感（见图 3–26），除了部分语句语速问题（部分中文诗句、成语等翻译成英文过长），基本可直接用以国际化传播。

图 3-25　视音频内容多语种转译示例

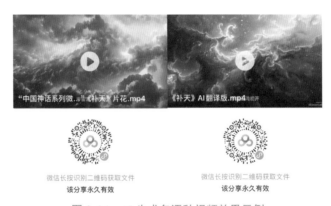

图 3-26　AI 生成多语种视频效果示例

3.3.3　如何用 AI 实现"变音"功能？

除了语种的转变，利用 AI 音频工具还可以实现音色的转变，也就是常说的"变音"。只需要上传既有的音频内容，选择想要的声音，AI 会自动完成音色的转变。

从具体操作来看，用户通过 ElevenLabs 的"SPEECH TO SPEECH"功能，上传一段音频，选择系统内置的语音模板，点击生成按钮即可得到对应音色的音频文件（见图 3-27）。

图 3–27　ElevenLabs 音色转变示例

除了 ElevenLabs，通过字节跳动公司的剪映工具也能快捷实现"变音"操作。如图 3–28 所示，登录剪映平台后，选择"创作视频"，点击"上传素材"，将想要变音的视频或者音频内容上传到平台，上传之后将该素材拖动到编辑区进行后续处理。

图 3–28　剪映操作界面示例

将视频内容拖到编辑区域后，右键选中该视频，选择"分离音频"，将该视频的音轨部分单独分离出来。选中分离出来的音频，在右侧功能区即可找到"声音效果"下的"音色"功能（见图 3-29），选择合适的声音即可。

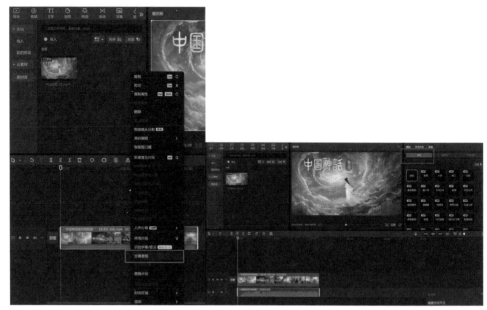

图 3-29　剪映音频分离与变音操作示例

3.3.4　如何让 AI 克隆你的声音？

除了应用 AI 音频工具中的既有模板，用户还可以"克隆"自己的声音或者其他声音，在后续语音生成任务中采用定制化声音。

以 ElevenLabs 为例，在"Voices"界面可定制声音模型。如图 3-30 所示，选择"MY VOICES"，可展示所有定制声音，点击"Add Generative or Cloned Voice"可以进行声音定制或者克隆操作。

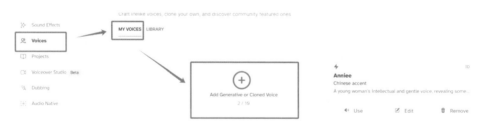

图 3-30　ElevenLabs 声音克隆功能示例

在"Voice Design"选项中，用户可以设置声音的性别、年龄、口音等属性，如图 3-31 所示，用户可以定制一个年龄比较大、美式口音较重的女性的声音，点击"Generate"采用该声音生成特定文本音频。通过这种方式，用户可以用任意性别、任意年龄、任意口音的 AI 角色进行文本配音，在一定程度上实现"人设自由"。

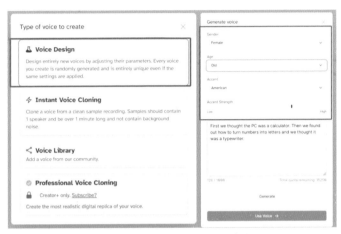

图 3-31　ElevenLabs 声音设计功能示例

除此之外，我们还可以使用"Instant Voice Cloning"功能快速克隆一个人的声音。如图 3-32 所示，ElevenLabs 支持两种克隆模式，第一种是直接上传一个音频或者视频（10M 以内），AI 会自动学习其音色进行克隆；第二种是 Record Audio（即时录音），每一段可以录制 30s，一共支持录制 25 段，AI 会通过对录音的学习完成对音色的复刻。

图 3-32　ElevenLabs 声音克隆功能示例

图 3-33 展示了两种不同声音克隆模式的界面，若选择录音进行克隆，需要保证声音尽可能清晰、语速自然，涵盖不同情绪和表达方式，从而便于 AI 把握声音的细节特征；若选择上传音视频文件，需要保障文件中尽量没有背景杂音和配乐，人声清晰且自然。需要注意的是，在克隆公众人物声音的时候一定要注意版权问题，尤其是在公开传播场域，无论是声音克隆还是面部信息克隆都需要警惕侵权风险。

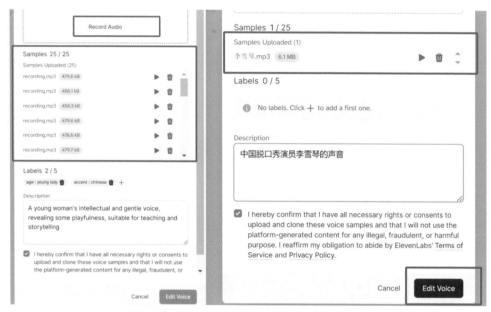

图 3-33 ElevenLabs 声音克隆的两种模式示例

完成语音克隆后，在文本生成音频（或音频生成音频）界面，就可以看到克隆的声音模型（见图 3-34），输入文本和音频后，可以选择自有声音进行播放。

除了使用自己克隆的声音，在 ElevenLabs 中还可以使用其他用户开放共享的定制化声音。如图 3-35 所示，在 Voice Library 中有用户创作和定制的大量声音模型，用户可以根据使用场景（如讲故事、对话、动漫角色、社交媒体、娱乐新闻播报、广告、教育等）筛选声音，试听相关声音并添加到语音实验室以供应用。需要注意的是，每个声音模型都有自己的"通知期（Notice Period）"。例如，部分语音模型的通知期为 90 天，如果语音模型所有者决定将其从语音库中删除，对于尚未将其添加到其语音实验室的用户，它将立即消失；但是，已将此语音模型添加到其语音实验室的用户可以在收到删除请求之日起的 90 天内继续访问它，从而确保用户有足够的时间将其迁移到不同的语音模型。

图 3-34　ElevenLabs 克隆声音使用示例

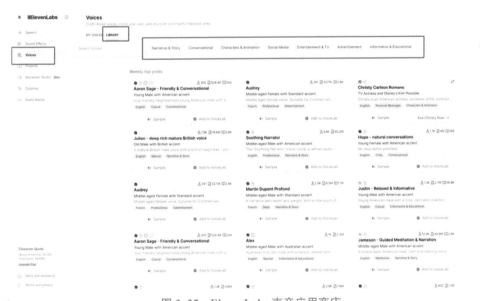

图 3-35　ElevenLabs 声音应用商店

通过对不同声音的克隆，用户能以更自然的方式进行语音交流，声音克隆、形象克隆、交互方式克隆是"数字员工"和"数字分身"制作的关键，后面会对数字人的"克隆"方式进行介绍。

3.3.5 如何用 AI 生成专属宣传曲？

无论是企业宣传曲、主题活动曲、广告配乐，还是公司年会节目，原创音乐在过去都是一个专业度高的技术活，而现在，AI 给了人们更多施展自己创意和才华的空间，通过 AI 打造企业原创专属音乐也成了每个普通员工都能快速上手一试的一项工作。

我们已介绍了如何用 Suno 去生成原创歌曲，如果说大家完全没有乐理知识，也不知从何下手设置相关参数，那我们这里介绍一个方法，帮助大家从零完成一首原创歌曲创作。具体包括以下步骤：

第一步 从分类排行榜中挑选一首你喜欢的歌曲

首先在 Suno 主页找到"Top Categories"，这里面有常见的各种音乐类型，如流行乐、摇滚、电子乐、爵士乐、古典乐、嘻哈乐等，如图 3-36 所示，我们选择自己感兴趣的音乐类型，找到分类榜单。

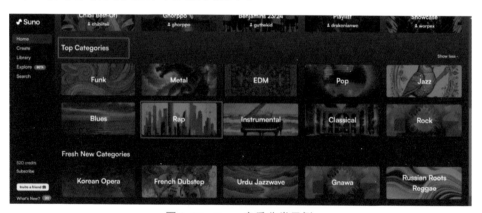

图 3-36　Suno 音乐分类示例

在页面可依次点击试听热门音乐，如果某首歌的旋律、风格、结构、配乐等都非常符合需求，点击歌曲后的"…"，选择"Reuse Prompt"，从而对该歌曲的相关参数进行复用（见图 3-37）。

图 3-37　Suno 热门音乐试听与选择示例

第二步　修改参考样例的主题和歌词

点击"Reuse Prompt"后可进入编辑页面，如图 3-38 所示，其中 Lyrics（歌词）和 Title（主题）区需要用户自行修改，而"Style of Music"可以保持原有风格特征不做调整。

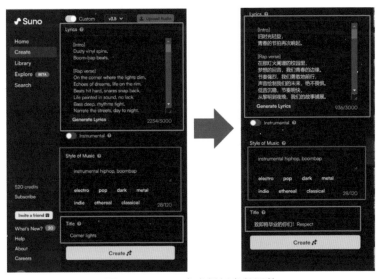

图 3-38　Suno 参考样例参数调整

其中，歌词部分的修改是最为关键的，因为除了歌词内容，此处还包含了大量元标签，它们决定了歌曲不同部分的风格、旋律、情绪和音效。如果要让生成的歌曲尽可能贴近参考样例，用户需要确保歌词的结构、篇幅尽可能和参考样例一致，同时也需要保留参考样例的元标签。由于这部分内容具备一定专业度，用户同样交给 AI 来完成。

以 DeepSeek 为例，把参考样例的歌词上传给 DeepSeek，让它模仿原始歌曲的结构特征，依据新的主题内容来生成新歌词。提示语参考如下：

> 请你严格参考以下这首【RAP】的歌词结构，帮我写一首中文歌词，需要和参考样例的歌词严格对应（元标签、歌词长短、结构完全一致）。中文歌的主题为【……】，希望通过歌曲表达出【……】。参考样例为【……】。

如图 3-39 所示，DeepSeek 可以模仿原歌词生成类似结构和风格的歌词内容，同时通过元标签使原有歌曲和新创歌曲的结构、风格、特征要素尽量一致。

请你严格参考以下这首RAP的歌词结构，帮我写一首中文歌词，需要和这首歌歌词严格对应(元标签、歌词长短、结构完全一致)。中文歌的主题为"致即将毕业的你们"

[Intro]
Dusty vinyl spins,
Boom-bap beats
[Rap verse]
On the corner where the lights dim
Echoes of dreams, life on the rim.
Beats hit hard, snares snap back,
Life painted in sound, no lack.
Bass deep, rhythms tight,
Narrate the streets, day to night.
Canvas of concrete, under city lights,
Stories unfold, urban heights.
[Rap Chorus]
Boom to the bap, rhythm in the rap
Words weave through, no gap.
In the heart of the city, where dreams tap,
Instrumental stories, map the gap.
Boom to the bap, rhythm in the rap
Words weave through, no gap.
In the heart of the city, where dreams tap
Instrumental stories, map the gap.
[Rap Verse]
Spray-paint soul, graffiti walls
Bass lines groove, night calls.
Rhythms rise, tales told in scrolls
Each beat drops, story unfolds.
Under the moon, shadows dance
In every beat, a new chance.
Life's tales, step by step,
In the groove, secrets kept.

图 3-39 DeepSeek 模仿生成歌词示例

第三步 模仿生成类似风格的歌曲

　　对 AI 生成的歌词内容进行细微调节和润色后，用户就可以将其复制到 Suno 中进行歌曲的创作了。如图 3–40 所示，我们会发现，由于 AI 模型底层的概率生成机制，AI 模仿生成的音乐并不会和原始音乐完全相同，只是在风格、结构、旋律等特征上相似，这也在一定程度上避免了因为模仿而"撞歌"的现象。哪怕不懂乐理知识，只要有基本的音乐欣赏能力，用户就可以利用 AI 创作出风格多样的"原创"歌曲。

图 3–40　Suno 模仿生成音乐示例

AI 视频生成与品牌传播

在现代数字媒体的浪潮中，视频作为图文影音多模态信息的聚合体，具有独特的视听和情感冲击力，相比于纯文本、静态图像和音频，能更全面生动地传达信息。AI 视频技术的应用使得视频创作变得更加便捷和高效，无论是影视制作、广告创意，还是教育培训，AI 视频技术都能为其注入新的活力和创意。掌握基础的 AI 视频工具使用技能，不仅为创意表达和数字化内容生产提供了强有力的支持，也对职场沟通和品牌宣传发挥着重要作用。

4.1 AI 视频工具汇总

从使用场景来看，AI 视频工具可大致划分为两类：AI 视频生成工具和 AI 视频剪辑工具。前者侧重于从 0 到 1 的内容创作，而后者则侧重于对已有素材进行智能整合。当然，随着各类 AI 视频工具的成熟发展，视频生成和剪辑在部分工具中已经被整合应用，实现了从脚本创作、动效生成、视频编辑等功能在内的一站式服务。

4.1.1 有哪些 AI 视频生成工具？

AI 视频生成工具可利用 AI 技术，自动化创建视频内容。这些工具通过深度学习算法，实现多帧生成、实时渲染和多样化风格转绘，能够根据给出的文本、图片或其他简单输入生成高质量的视频，极大地降低了视频制作的技术门槛。AI 视频生成工具适用于广告创意、影视制作、教育培训等多种场景，让有想法、有创意但苦于技术不足的职场人士，也能创作出属于自己的作品。常见的 AI 视频生成工具如表 4-1 所示。

表 4-1 常见 AI 视频生成工具

工具名称	功能特点
Sora	60 秒视频生成、深度模拟、Transformer 架构、空间一致性、高效训练、影视制作、广告创意
可灵 AI	快手自研、中文适配、1080p 分辨率、120 秒视频生成（帧率 30fps）、支持自由宽高比
Dreamina	抖音生态、内置提示词模板、一键生同款、超清图像、画面扩图、调整图像参数、局部重绘
Luma AI	120 秒视频长度、120 帧高质量视、理解物理交互、角色和场景具有一致性
Runway	文本 / 图片生视频、创意生成、实时渲染、视频处理、特色功能丰富
Pika	文本 / 图片生成视频、多样化风格、高质量输出、实时预览、简洁直观、无须专业技能、社区活跃
Kaiber	逐帧动画、运动轨迹控制、视频转绘
Akool	AI 换脸、视频翻译、超写实虚拟人、背景替换
Morph Studio	高清多样、图像转换、镜头灵活、集成互动
Pixverse	多样性与风格、用户友好性、高质量输出、定制性、社区与共享
Moonvalley	视频风格转绘、多样化场景、用户友好、创新技术、丰富工具、社区支持
Mootion	动画创作、高效生成、用户友好、高质量输出、兼容性强、扩展性好
Domo AI	视频风格转绘、AI 驱动、多样化工具、特色功能、高效稳定、用户友好、社区参与
Stable Video Diffusion (Fal.ai)	文生视频、图像转视频、多帧生成、多阶段训练、高质量输出、广泛适用性
Stable Video Diffusion (replicate)	文本到视频、图像到视频、高帧率生成、深度学习、GAN 架构、高质量输出、创意自由度
AnimateDiff (replicate)	国内开源产品、动画生成、高效性、个性化定制、灵活性、高质量输出

4.1.2 有哪些 AI 视频剪辑工具？

AI 视频剪辑工具具有自动化和智能化的特征，显著简化了视频编辑过程，提高了编辑效率和作品质量。这些工具提供了丰富的功能，如自动化素材匹配、自动化配音、智能音频处理、特效字幕、智能识别字幕等，帮助用户轻松进行视频的剪辑和优化。无论是社交媒体内容制作、企业宣传、教育培训还是个人创作，这些工具都能提供强大的支持，满足多样化的视频编辑需求。通过合理利用这些工具，用户可以轻松创作出专业级的视频内容，提升视觉效果和观众体验。常见 AI 视频剪辑工具如表 4–2 所示（部分工具也包含视频生成功能）。

表 4–2　常见 AI 视频剪辑工具

工具名称	功能特点
一帧秒创	图文转视频、智能语义分析、智能字幕、智能配音、私有素材库、AI 帮写、一键成片
度加创作工具	视频剪辑、音频处理、特效字幕、AI 能力、智能识别字幕、海量素材库、简洁易用、高质量输出、创作支持
剪映	视频生成、超清图像处理、画面扩图、素材集成、灵活调整、图片修整、创意支持
Viggle	角色动态生成、动作精确控制、一键生成、实时生成、稳定品质、直观易用、功能多样、背景移除和风格化、免费公测

4.2　AI 视频制作流程

　　AI 视频作为一种集合图、文、语音等多模态内容的载体，其制作流程相比于单模 AI 更为复杂，通常涉及脚本策划、图片设计、视频动效、旁白音乐及剪辑合成等多个步骤。目前 AI 的应用已经渗透到了视频制作的各个环节，在整合应用前三章所介绍的 AI 工具基础上，使用 AI 视频生成和剪辑工具，能够大幅缩短传统视频创作的周期并降低成本，让更多人能零基础参与到视频的设计与制作过程中。

4.2.1　AI 视频制作方式有哪些？

　　目前 AI 视频技术发展与迭代不断加速，新模型、新工具、新平台不断涌现，视频创建模式不断丰富、风格不断拓展、限制时长不断增加，这极大地推动了视频创作领域的创新。从职场应用来看，AI 视频工具已经渗透到企业宣传、新媒体创作、产品广告等多个领域，让传统的专业化生产模式转变为个体审美驱动的定制化生产模式。伴随着算力资源可供性提升，AI 视频创作的灵活度将进一步提升，让"所想即所得"真正成为现实。

基于 AI 视频技术的实现形式和应用模式，可以将当下 AI 视频技术划分为两个阶段。第一个阶段为初级生成阶段，多基于生成对抗网络（GAN）模型，在图片和文本描述的基础上进行简单的帧间插值和图像变换，再进行微调，呈现出"幻灯片式"的视频形式。这种形式的视频虽然有一定的动态效果，但连贯性和自然度相对较低。Runway、Pika、Stable Video、Dreamina 等平台是这一阶段的典型代表（图 4-1），它们通过提供简单易用的操作页面，让用户能够快速生成基本的动态视频内容。

第二个阶段为高级生成阶段，基于更先进的世界模型（如 Transformer 模型等），可实现长时间段的连续视频生成，且生成的视频流畅、自然、具有高度的一致性。这一阶段的技术能够模拟复杂场景的动态变化，使视频内容更为逼真。Sora、可灵 AI、Luma AI、Dream Machine 等平台是这一阶段的典型代表（图 4-2），它们通过引入更强大的算法和模型，为用户提供更高质量的视频生成服务，满足更为专业和精细化的需求。

图 4-1　第一代 AI 视频生成工具典型示例

图 4-2　第二代 AI 视频生成工具典型示例

从视频生成方式来看，目前 AI 视频应用主要可分为三类：其一，文生视频；其二，图（文）生视频；其三，视频智能编辑及风格转绘。

第一种，文生视频，即根据输入的文本描述，AI 能够自动生成与之相匹配的视频内容。其优点是高效快速，仅需文字输入，即可快速生成视频，而且 AI 可以结合大量数据进行创作，有时能产生意想不到的效果。但也存在一定缺点，如精确性有限，由于仅依赖文字描述，生成的视频可能与预期存在偏差；而且由于缺乏具体的视觉参考，AI 生成视频可能难以完全满足用户的个性化需求。我们以Runway 为例（其他 AI 视频创作工具基本类似），如图 4-3 所示，只需要输入对视频画面的描述，加上简单的参数设置，即可快速生成 4 秒 ~18 秒的视频内容。

图 4–3　Runway 文生视频操作示例

　　第二种，图（文）生视频，这种应用中用户不仅可以提供文本描述，还可以加入关键帧图像作为参考，AI 会结合这些信息生成视频。这种方式在保留用户创作意图的同时，增加了视频的丰富性和准确性。以 Runway 为例，通过上传参考图片，对视频内容进行简单描述（可选），AI 便可基于图片内容演化出动态视频效果（图 4-4）。

图 4–4　Runway 图文生视频操作示例

第三种，视频智能编辑及风格转绘，AI 在这一领域的应用主要体现在对已有视频的智能化处理和风格化改造上。无论是剪辑、合成还是特效添加，AI 都能快速高效地完成任务，并且能根据用户需求实现不同风格的转换，为视频创作者提供了更多创作的可能性。以 Domo AI 为例，我们上传一个实拍视频，可在保持原有视频内容不变的基础上，将其转绘成不同风格的视频内容（图 4-5），在增加 AI 视频可控性的基础上提供更多的创作空间。

图 4-5　Domo AI 视频转绘功能示例

4.2.2　AI 视频制作包括哪些步骤?

在以上三种方式中，图文生视频是目前最为主流的一种应用方式。考虑到风格一致性、场景可控性以及内容表达的准确性等因素，特定参考图片的输入，可在一定程度上保证生成视频的连贯性和质量。图文生视频的方式结合了图片的具体视觉信息和文本的情节描述，使得 AI 能够更精确地理解用户的需求，并生成符合预期的视频内容。这种方式不仅提高了视频生成的精确度，还为用户提供了更大的创作自由度，使得他们能够根据自己的意愿定制和调整视频内容。因此，图文生视频在广告、创意设计、产品展示等领域得到了广泛应用，成为 AI 视频技术中的重要应用场景。以图生视频为例，AI 视频制作融合了文本 AI、图片 AI、音频 AI、视频 AI 的应用，一般可划分为以下五个步骤：

第一步　AI 脚本生成

在这一步中，文本生成 AI 技术发挥着关键作用。用户可以通过输入关键词、主题或者简短的描述，让 AI 自动生成一个完整的视频脚本。这个脚本不仅包括视频的主要内容和情节，还可能涉及场景设置、角色对话等元素，为后续的视频制作提供详细的指导。

具体来看，我们可以使用 DeepSeek、ChatGPT、豆包、文心一言等文本 AI，结合具体视频类型和内容要求，让 AI 帮助我们给出参考脚本。以职场常见主题宣传片为例，我们可以参考下面的提示语，让 AI 以表格形式生成视频脚本和对应参考图的提示语，以便后续 AI 生图使用（图 4-6）。

> 请帮我创作一个 "AI 驱动职场变革" 的视频脚本，时长 1 分钟，要求：
>
> 1. 有电影质感，概念型宣传片；
>
> 2. 5 秒为一个片段，用表格形式给出每个片段的序号、分镜头画面、景别、解说词、音效、配乐，以及对画面内容的详细提示语（用于 AI 生成关键帧画面）。

请帮我创作一个"AI驱动职场变革"的视频脚本，1分钟，要求：1. 有电影质感，概念型宣传片；2. 按5S为一个片段，用表格形式给出每个片段的序号、分镜头画面、景别，解说词，音效，配乐以及对画面内容的详细提示语（用于AI生成关键帧画面）。

已深度思考（用时 20 秒）

以下是符合要求的"AI驱动职场变革"概念宣传片分镜头脚本，包含电影视觉提示与节奏设计：

「AI Revolution in Workplace」1分钟视频脚本

序号	分镜画面描述	景别	解说词	音效	配乐	画面生成提示（中英混合）
1	未来城市天际线，数据粒子流穿透玻璃幕墙建筑，形成神经网络脉络	大远景	（无声）	数字化蜂鸣声	低频脉冲音垫感	cyberpunk cityscape with glowing data streams penetrating skyscrapers, cinematic lighting, Unreal Engine 5 rendering, 32k detail
2	悬浮全息键盘前，人类手指与机械臂协同敲击，代码如瀑布倾泻	中景特写	"当算法成为新的母语"	机械关节运转声	电子脉冲上行	futuristic workstation with human-robot collaboration, holographic interface reflections on retina, cinematic shallow focus
3	会议室玻璃墙变换为动态数据可视化投影，多国成员虚拟参会	全景俯拍	"决策半径突破地理边疆"	全息投影启动音	科技感弦乐涌动	glass-walled meeting room with augmented reality projections, global team avatars, dynamic light trails, Blender Cycles rendering
4	文件堆自动分类归档，AI助手将纸质档案转化为星空知识图谱	微距镜头	"经验转化为可编程智慧"	纸张数字化归档声	空灵电子音效	macro shot of documents transforming into constellation-like knowledge nodes, particle simulation, Cinema4D dynamics
5	职场新人AR眼镜显示成长路径，技能树在虹膜中生长	第一人称视角	"每个个体都拥有进化算法"	增强现实性节提示音	激励弦乐增强	POV shot of augmented reality career path visualization, fractal growth patterns in iris reflection, volumetric lighting
6	跨语言会议实时生成3D字幕环绕不同文化符号对话旋转	动态环境镜头	"沟通不再有编增损耗"	语言切换音效	多声道音场设计	floating 3D subtitle spheres with cultural icons, 360° camera rotation, neon glyphs in dark space, Octane render
7	AI预警系统提前显示项目风险，管理者手指操控概率云修正路径	仰角镜头	"预见性成为基础能力"	预警脉冲声	紧张鼓点推进	low-angle shot of manager manipulating risk probability clouds, god rays through holograms, sci-fi HUD interface
8	智能办公桌自动调节人体工学曲线，压力图谱化为光粒子消散	侧拍长镜头	"人机工学重写效率定义"	环境自适应提示音	舒缓合成器旋律	tracking shot of self-adjusting desk with biomechanical feedback visualization, photon dissipation effects, medical-grade lighting
9	离职员工数字孪生继续完成项目交接，在数据海中微笑挥手	对称构图	"职场生命获得数字永生"	数据流输出声	情感化旋律	symmetrical composition of digital twin farewell in data ocean, emotional facial expression, Subsurface scattering effects
10	星光中人类与AI共同设计火星办公室，沙盘生长出生态穹顶	逆光剪影	"我们正在创造新的工作纪元"	生态建筑生长声	史诗管弦乐高潮	backlit silhouette of human-AI co-creation, Martian habitat growing from sand table, atmospheric perspective, Redshift rendering
11	镜头穿过量子计算机集群，最终定格在人类指尖触碰AI核心的金色光球	微观距离场	"这是进化，而非取代"	量子比特跃迁声	音乐赛停留白	macro to extreme close-up transition through quantum chips, human finger touching glowing AI core, cinematic bokeh anamorphic flares
12	黑底白字LOGO浮现，伴随粒子重组爆破	特写	（品牌标语）	粒子重组爆破音效	重音节拍收尾	minimal white logo emergence with nanotechnology particle animation, black background with cinematic grain texture

图 4-6　AI 生成视频脚本示例

第二步 AI 关键帧图片生成

　　基于第一步中生成的脚本和参考图提示语，利用图片 AI 生成关键帧图片。参考第二章所介绍的内容，AI 能够根据脚本中的描述，自动生成与场景、角色和情节相匹配的图片。这些图片可以作为视频的关键帧，为后续的视频生成提供视觉基础。如图 4-7 所示，我们可以使用 Midjourney 或 Dall·E 等图像 AI，

请帮我生成分镜头1的参考图画面，要求电影质感，画面尺寸为16:9

请参考分镜头一的风格和尺寸，帮我生成分镜头2和3的参考画面

图 4-7　AI 生成关键帧图片示例

根据 ChatGPT 或 DeepSeek 给出的分镜头画面提示语，依次生成每个分镜头画面的参考图，即各关键帧画面，并保持风格一致。

当然，如果认为 Dall·E 生成的图片不够细致或者专业，也可以利用 Midjourney 等其他 AI 绘画工具来生成每个关键帧的参考图片，在 AI 生图过程中务必要让每张图片的风格、尺寸、关键人物等要素保持一致。

第三步 AI 图生视频

在有了关键帧图片后，便可使用 AI 视频工具的"图文生视频"功能，将图片转成动态的视频片段。由于目前主流的 AI 视频工具生成视频时长多在 4 秒～18 秒之间，一般一个视频需要由多个分镜头构成，且由于概率生成模型具有不可控性，在专业应用场景中通常需要多次"开盲盒"来抽取到合适的视频效果。由于目前二代 AI 视频工具未完全开放，一代 AI 视频工具的使用方法基本相似，这里我们以 Runway 为例介绍其具体使用方法。

首先我们注册登录 Runway 后（如图 4-1 所示），可进入图 4-8 所示界面，在此我们选择"Try Gen-2"进入到 AI 视频创作界面。Runway 的 Gen-1 侧重于基于现有视频结构进行内容生成，即用户提供输入视频作为结构条件，Gen-1 根据这些结构生成新的视频内容（相当于对既有视频的 AI 优化）。Gen-2 则可实现从 0 到 1 的视频创作功能，即用户只需提供文本描述，Gen-2 便能生成对应的视频内容。

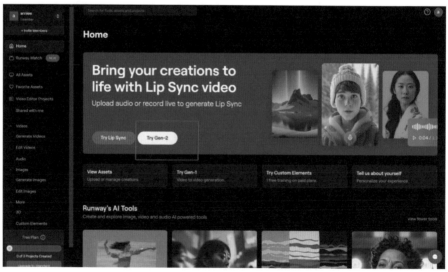

图 4-8　Runway 图文生视频入口

如图 4-9 所示，进入到图文生视频的界面后，点击"Prompt"可以上传参考图片和文字提示，二者可以选择一个或者两者兼之。输入提示语后可以通过页面底端的"General Motion"（通用运动）来调整视频中动作的强度，数值越高，视频中的动作就越明显。

图 4-9　Runway 图文生视频功能示例

除了图文提示，在"General Setting"（通用设置）中还可以针对画面的分辨率（Resolution）、固定种子（Fixed seed）、提示语权重值、负面提示等内容进行调整（见图 4-9）。其中分辨率有 SD（标清）和 HD（高清）选项；使用固定种子号可以保证每次生成的内容风格保持一致，有利于视频片段的连续性；负面提示则可用于指导 AI 的规避事项，避免在生成的图像或视频中出现某些不合适的元素。此外，可以通过勾选"Interpolate"（插值）保障生成过程中平滑帧之间的过渡，确保视频的流畅性。除此以外，还可以选择升级服务以去除生成内容中的水印。

除了对画面内容的调控，Runway 也支持对镜头移动的控制。如图 4-10 所示，"Camera Control"功能可以对画面内容进行不同方向上的运动轨迹控制，具体包括水平 / 左右移动（Horizontal）、垂直 / 上下移动（Vertical）、水平梯形矫正（Pan）、垂直梯形矫正（Tilt）、缩放（Zoom）、旋转（Roll）六种模式。简单地拖拉移动方向和数值，便可实现对镜头运动轨迹的控制。在拍摄广阔的景象或追踪移动的对象时，水平移动尤其有用，而缩放则可以帮助聚焦主要对象或扩展视野，滚动效果用来创造动感或平衡画面往往有意想不到的效果。以上这些镜头控制功能极大地丰富了用户在 Runway 平台上创作视频的可能性，让 AI 视频可以更精确地模拟专业级的摄影技术，从而提升最终视频的视觉效果和故事叙述的质量。

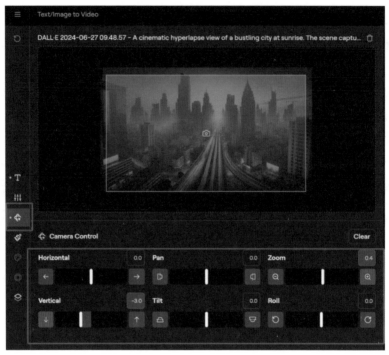

图 4-10 Runway 镜头控制功能示例

Runway 除了支持整体画面的镜头控制，还支持设置画面中特定元素的移动状态。通过启动 "Motion Brush" 功能，用户可以选择画面中的任何一个或者多个元素，为其单独设置动态效果，比如旋转、移动或缩放等（图 4-11）。这种精细的控制能力让创作者可以更精确地表达视频中的故事情节和动作细节，增加场景的互动性和真实感。

完成相关设置后，用户可以预览视频生成的效果，并根据需要进行调整，确认无误后点击 "Generate" 便可生成 4 秒的视频片段（免费版），如图 4-12 所示。生成的视频可以下载为 MP4 格式，也可以点击 "Extend" 继续生成新的视频片段，如果对视频效果不满意，还可以重新生成视频进行选择。由此可以依次完成所有分镜，并进一步组合成完整的视频内容。

图 4-11　Runway 运动轨迹功能示例

图 4-12　AI 视频下载与重新生成

第四步　AI 音频生成

完成分镜头视频片段后，我们还可以根据视频内容使用音频 AI 技术进行配乐和配音。如根据视频的内容和氛围，使用第三章介绍的 Suno AI，自动生成与之相匹配的背景音乐和音效，或者使用 Elevenlabs 和腾讯智影等工具进行配音和解说（图 4–13）。这些声音元素能够强化视频的视听体验和情感表达，使观众更加沉浸其中。

图 4–13　AI 配乐与配音示例

第五步　视频剪辑与包装

完成了相关视频素材和音频素材的生成，最后一步是对素材进行剪辑和包装，可使用剪辑工具对视频内容进行剪辑拼接、特效添加、颜色校正等操作（见图 4–14）。这个过程可能涉及对图片进行插帧、添加转场效果等处理，以确保生成的视频在视觉上连贯且自然。同时，还可以加入字幕、水印等元素，以增强视频的完整性。完成这些步骤后，一个由 AI 制作的完整视频就诞生了。

如果对视频画质有较高要求，还可以使用 Topaz Video Enhance AI 等工具对视频画面内容进行高清修复，以提高视频的分辨率和清晰度。这种类型的工具利用先进的 AI 学习技术，能够放大并分析视频的每一帧，减少噪点和模糊，确保视频细节的保留和增强。此外，这些工具还支持视频的格式转换和帧率调整，这不仅使得视频画质得到了提升，同时优化了兼容性，以满足专业级别的发布和传播需求。

除了使用一代 AI 视频工具生成视频片段，Luma AI、可灵 AI 等二代工具也可以快速生成更加流畅、连贯、自然的视频片段，如图 4–15 所示。输入简单的文本描述，让 AI 快速生成系列视频片段后，只需进行简单的剪辑，便可得到完整的视频内容。

图 4-14　AI 视频剪辑与包装润色示例

图 4-15　可灵 AI 生成视频示例

(4.3) AI 视频职场应用

传统模式下企业进行视频创作不仅成本高、周期长，创作形式也相对受限，这使得更多中小企业偏向于采用文本和图片形式进行品牌宣传和信息传播，而忽略了视频传播的效能。而在 AI 加持下，视频创作门槛大幅度降低、成本也相对可控，非专业人士也能将自己"所想"和"所言"转换为"可见"的画面，对于中小企业而言也能轻松利用视频形式进行品牌宣传和信息传播。除了艺术创作和娱乐性传播，AI 视频在职场中的应用场景的边界也在不断拓宽。考虑到使用便捷度和对硬件设备的要求，本章主要对在线 AI 视频创作工具的应用进行介绍。

4.3.1 如何让实拍视频"风格万变"?

AI 视频风格转绘技术在创意视频制作、广告营销等多个领域均有广泛应用，它不仅可以通过转化实拍视频为动漫、手绘等多样化风格，增强视频的视觉效果，提升观众的观看体验，而且能够实现"千人千面"分众化视频内容生成，根据不同受众需求，快速生成不同风格的视频内容。在众多 AI 转绘工具中，Domo AI 是目前应用相对较广、风格多样、门槛较低的一个工具，可以在网页端或者 Discord 平台注册使用（见图 4–16）。

图 4–16　Domo AI 界面示例

Domo AI 和 Midjourney 类似，支持在 Discord 平台上添加使用，同时也可以直接登录网页版使用。如图 4–17 所示，登录 Domo AI 网页平台后，选择"Video"入口，可进入到 AI 转绘编辑页面。

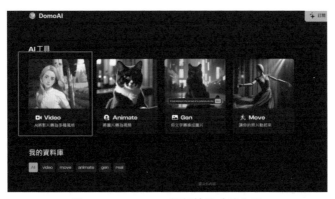

图 4–17　Domo AI 视频转绘功能入口

　　进入视频编辑区后，上传需要转绘的视频内容，给出对转绘视频内容进行大概描述的文本提示语，选择需要转绘的风格、长度、参考偏向（视频或提示语）、长宽比等属性（图 4–18），便可生成不同风格的视频片段。

图 4–18　AI 视频转绘操作示例

如图 4–19 所示，Domo AI 支持数十种艺术风格的转绘，包括素描、油画、3D、日式动漫、美式动漫、剪纸、乐高、马赛克等常见风格。同一个视频片段，可以尝试不同风格转绘，实现从实拍视频到各类创意视频的便捷转换。虽然在部分复杂动效转绘上可能出现"崩坏"，但对于绝大多数视频场景来说，AI 转绘效果可媲美传统手绘效果。

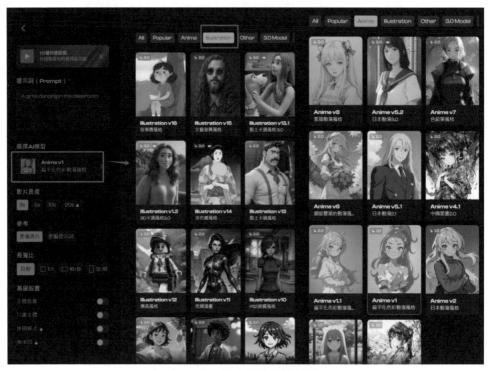

图 4–19 转绘风格模型示例

目前 Domo AI 支持转绘的视频片段存在时长限制，仅支持 3 秒、5 秒、10 秒、20 秒的片段生成，因此如果我们要对长视频片段进行转绘，还需要先把原视频切分为若干个短片段，再依次上传到 Domo AI 平台上进行转绘，转绘完成后再使用剪辑工具进行拼接即可。具体操作上，SplitVideo 等工具（图 4–20）可以帮助我们把长视频快速切分成若干个短片段。

登录 SplitVideo 平台，选择上传需要切分的视频文件，平台支持自由裁剪（Free Split）、平均切分（Average Split）、按时间长度切分（Split by Time）和按文件大小切分（Split by File Size）四种模式。我们选择平均切分，输入要切分的视频片段个数，便可将视频自动切分成若干短片段，如图 4-21 所示。切分好的视频片段可直接下载到本地，之后再依次将各片段内容进行 AI 转绘，最终便能得到完整的风格化转绘视频内容。

图 4-20　视频切分工具 SplitVideo 功能界面

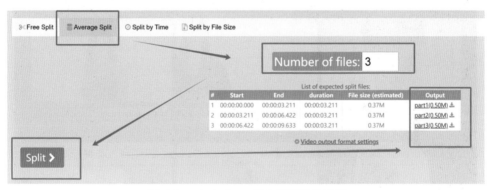

图 4-21　SplitVideo 切分视频操作示例

4.3.2　如何实现视频人物"换脸"？

视频人物"换脸"技术，也被称为面部替换或深度伪造（DeepFake），主要是在机器学习和人工智能算法的基础上，将一个视频中的人物的脸部图像替换成另一个人的脸部图像。这种技术在电影制作、广告、娱乐以及个人内容创作中都有广泛的应用。

对于职场应用而言，视频人物"换脸"技术可以用于多种创新场景，如模拟真实场景进行员工培训，在远程会议中改善交流体验，或者在市场营销中创作吸引人的广告。然而，使用这项技术时，版权和肖像权的问题尤为重要。企业和内容创作者必须在使用某人的肖像进行面部替换之前，确保已获得明确的授权。未经同意使用他人肖像可能引起法律诉讼，尤其是在没有合法依据的商业用途中。

此外，职场中的深度伪造技术应用需要建立在严格的伦理标准之上，以避免误导观众或损害公司的品牌形象。为此，很多公司和组织正在制定相关的政策和指导原则，以确保技术的正当使用，同时保护个人和公司免受潜在的声誉侵害。在实施这些应用之前，进行彻底的合规性审查和风险评估是至关重要的。

那么，在合法合规的情况下，我们应该如何使用"换脸"技术创造出更多的创意视频呢？考虑到工具使用对设备和操作门槛的要求，我们这里选择在线视频换脸工具 Akool 进行介绍。如图 4-22 所示，登录注册 Akool 账号后，我们可以在平台工具中选择"Face Swap"，进入在线编辑页面。

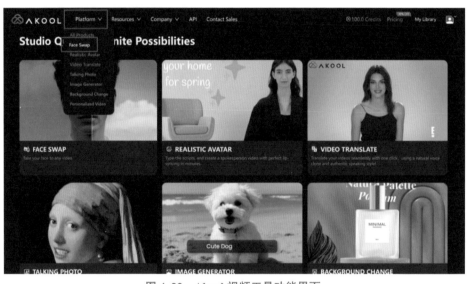

图 4-22 Akool 视频工具功能界面

上传视频后，AI 会自动识别视频中的脸部信息，我们只需选择需要替换的脸部图片（支持自己上传或者使用平台自带素材）便可实现一键替换，上传的脸部照片尽量为面部无遮挡的正面高清图。此外，Akool 还支持根据预设年龄对人物脸部进行"幼化"或者"老化"处理，我们可以通过对年龄属性的调节来实现"时光穿梭"的效果（图 4-23）。

图 4-23　Akool 视频换脸操作界面

　　如果视频或图片中存在多个人物，Akool 会自动识别不同的脸部信息，如图 4-24 所示。针对 AI 识别的不同脸部信息，我们可以依次选择需要替换的对象，完成批量人物脸部替换。这种"批量换脸"的技术在短视频出海的应用中已被大量使用，只需将本土短视频中的关键角色替换为其他国家或地区的"演员"，便可快速生成短视频的海外版适配。这种技术可以将文化语境等特定的内容无缝调整为符合不同地区观众口味和期望的版本，从而增加其在国际市场上的吸引力和可观看性。这不仅提升了内容的全球接受度，也为内容创造者开辟了新的市场。

图 4-24　Akool 脸部信息批量替换示例

完成脸部信息替换后，我们可以在"Result Library"中找到生成的视频文件进行预览、分享和下载（图 4–25）。限于算力成本，目前类似应用处理的视频长度相对受限，但与传统拍摄和剪辑相比，AI 替换角色仍在很大程度上降低了后期成本。即使类似"换脸"的深度伪造技术目前广受诟病，常和虚假新闻、AI 谣言、AI 诈骗等议题关联，但从正向应用来看，该技术也为电影制作、广告创意、国际传播、创意视频等领域提供了新的可能性。总之，负责任地使用技术是推动其健康发展和被广泛接受的关键，在把握底线的基础上使用才能最大化发挥 AI 技术的红利。

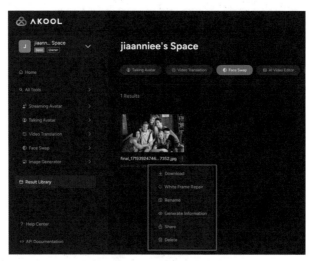

图 4–25 Akool 视频内容分享与下载

4.3.3 如何用 AI 批量完成文章转视频？

对于企业日常宣传而言，图文往往是优先于视频的第一选择，但在 AI 剪辑工具加持下可以轻松将图文内容转化为视频内容，让企业宣传实现多渠道触达与多模态分发。

具体而言，AI 自动剪辑主要包括三个步骤：首先，使用文本 AI 工具分析文章内容，提取关键信息和结构；其次，AI 会根据提取出来的信息自动生成视频脚本，包括画面素材和旁白；最后，根据 AI 生成的脚本，自动匹配视频素材，自动进行旁白朗读和视频剪辑，并通过模板化包装输出完整的视频内容。整个流程的操作涉及 AI 文本生成、AI 素材匹配、AI 剪辑、AI 配音等多类工具的组合应用。

目前市场上已有大量 AI 剪辑工具，均可实现针对自有版权内容的自动化匹配和整合剪辑。使用一站式视频剪辑工具，我们可以将企业已经发布的图文类宣传内容，轻松转化为视频类宣传内容。以百度推出的度加创作工具为例，点击图 4-26 所示"AI 成片"可进入视频创作页面。

图 4-26 度加创作工具界面示例

　　度加创作工具支持两种视频生成模式：其一是基于已有文案生成视频，也就是我们将视频的旁白内容准备好，输入给 AI 自动进行分镜拆分和素材匹配；其二是基于已有文章素材，AI 会自动提炼出素材内容中的信息要点、内容结构、关键元素，自动生成文案以匹配视频素材。如图 4-27 所示，我们可以将已发布的企业宣传文章链接上传给度加创作工具，它会自动提取文章中的关键内容生成视频文案。

图 4-27 文案输入或文章导入

如图 4-28 所示，提交文章链接后，AI 会将文字信息和图片信息分别提取出来。其中图片信息作为关键素材会融入后续视频内容中，我们也可以自己上传更多和产品、企业相关的素材，为后续视频剪辑提供支撑；而文字内容则会被提炼成视频的解说文案。由于目前度加创作工具仅支持处理 1 000 字以内的文案，所以如果素材是长文一般需要进行压缩，我们可以选择 AI 缩写或自行进行内容删减。完成文案修改和润色后，选择"一键成片"便可进入视频剪辑页面。

图 4-28　AI 素材提取和文案生成

AI 会根据已提交的文案和关键素材进行视频剪辑，若上传素材内容不足以支撑完整视频内容，AI 会自动从自有素材库匹配相关视频片段，如图 4-29 所示。针对 AI 自动生成的视频脚本，我们可以进行修改和调整，相关素材也可以自行替换。

图 4-29　AI 自动剪辑界面示例

　　除此之外，我们还可以自行选择不同的视频旁白解读"朗读音"，度加创作工具提供不同性别、语种、音色的配音模板，语速、音量等属性也可自定义调节。另外，为适配不同平台的视频发布要求，度加创作工具提供了不同尺寸（包括横屏和竖屏）和不同风格的视频模板，如图 4-30 所示。选择合适模板后，AI 会自动生成完整的视频内容，进行常规的编辑和处理后便可选择导出和发布。

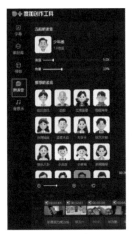

图 4-30　配音选择和视频模板选择示例

　　整体来看，AI 自动剪辑可以快速将图文转化为视频，在短时间内可以完成多模态信息的批量转化，有力助推企业多平台宣传。但我们也需注意处理好 AI 剪辑过程中可能出现的版权问题，确保所有使用的素材都是合法授权的，且与文案匹配，避免对用户造成误导。总而言之，即使是批量化 AI 应用，适当的人工审核也是必不可少的，只有确保内容的准确性和适宜性，防止技术误用引起的潜在风险，才能维护品牌形象和消费者权益。

4.3.4　如何用 AI 特效做创意广告？

　　传统的视频广告制作往往周期长、成本高、难度大，即使有 AI 工具加持，想要实现创意内容的独特性和品牌信息的准确传达，依旧需要人类创作者的深入参与和细致打磨。然而，伴随着 AI 视频工具的大量涌现，AI 特效模型也日益丰富和精细化，包括"瞬息全宇宙""时光穿梭""蒙太奇"等在内的特效已在各类 AI 视频中被大量应用，这也为创意广告生成提供了新的思路。组合应用各种 AI 特效，可以快速实现一系列吸引人的视觉表现，从而有效降低生产成本，缩短制作周期，同时还能保持内容的新颖性和吸引力。这项技术的进步不仅为广告行业带来了效率的革命，也为创意表达开辟了新的可能性。

目前大量 AI 特效模型都嫁接于 Stable Diffusion 平台，如 Deforum 等扩展模型可以帮助用户通过复杂参数设置创造出具有视觉冲击力的内容。这些工具允许用户进行深度自定义，如调整动画帧间的细微变化、应用复杂的图像到图像转换，或使用详细的文本提示来引导视频内容的生成。但考虑到 Stable Diffusion 对于个体用户而言存在一定使用门槛，尤其是相关 AI 特效模型对设备要求也较高，需要强大的图形处理单元（GPU）和大量内存来处理和生成高质量的图像和视频，这可能限制了资源有限的个人和小型创意工作室的使用。因此，此处将介绍一种便捷化、低门槛的 AI 特效应用工具，帮助我们实现创意广告片段的生成。

我们使用在线 AI 视频创作工具 Kaiber AI 来完成操作演示。Kaiber 是一个多功能的视频生成工具，采用 Transform 模型进行内容生成，除了图文生视频，还可实现视频风格的转变和逐帧视频输出，其功能界面如图 4-31 所示。

Superstudio　　**About**　　Pricing　　　　　　　　Create +　　Log In

Kaiber is a next-gen creative technology company focused on human and AI collaboration.

Since 2023, we've opened up endless creative possibilities for artists worldwide to turn their ideas into reality. Our team of artists, researchers, and technologists build products and experiences that tap into the creative potential of AI.

图 4-31　Kaiber 界面示例

注册登录 Kaiber 平台后，点击 "Create"，在 "Video Flows" 中找到 "Flipbook Videos" 选项进入逐帧动画生成界面（见图 4-32）。Flipbook Videos 允许用户创建层层叠加演化的特效动画，用户通过文本或图像输入来控制动画的每一帧，从而创造连贯的动画序列。用户可以选择不同的样式，将其应用于视频，使原始视频内容变得生动且具有风格化。例如，可以利用 AI 捕捉舞蹈视频中的人物，并将人物角色变为赛博朋克风格，或者将舞蹈的背景景观转变为魔幻梦境。此外，Flipbook Videos 功能还支持音频反应，这意味着用户可以轻松地将动画与选择的任何音乐同步，增强视听效果；这也意味着该功能不仅适用于动画制作，还特别适合各类短视频平台上的音乐视频创作。

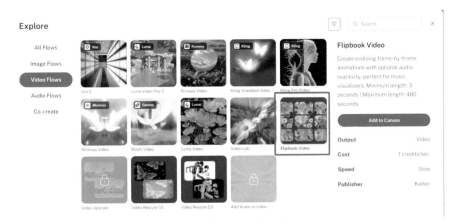

图 4-32　逐帧动画生成功能入口

我们使用"Flipbook Videos"功能还可以创建企业 LOGO 的创意演化视频。如图 4-33 所示，首先我们将企业 LOGO 图上传作为 AI 视频的关键帧，在该画面的基础上使用 AI 特效进行动态演化，从而形成一系列关联图片的动态衔接。

图 4-33　关键帧画面上传示例

上传关键帧后，我们需要对视频内容进行文本提示，并选择适配的风格。Kaiber 提供了"填空式"提示语框架，如图 4-33 和图 4-34 所示，我们将自己想要生成的视频内容（如"智能手机广告"）输入 Prompt 中，并点击选择合适的风格（如 3D，8k 等）。此外，Kaiber 也支持对视频时长（付费版最长可达 8 分钟）、镜头运动及首帧画面等属性和内容进行调整。

图 4-34 视频生成提示语与风格选择

完成提示语输入和参数设置后，点击"Generate"便可完成创意视频的生成（见图 4-35）。AI 会根据企业 LOGO 的特征，结合我们提示语中提及的要素进行逐帧转化。在实际使用过程中，AI 创意可以给我们提供灵感和思路，但其中的细节仍需借助专业编辑工具进行修改。

图 4-35 视频创建

如图 4–36 所示，以企业 LOGO 作为首帧画面，通过 Kaiber 逐帧动画我们逐步生成了视频片段，不到 1 分钟时间便可以得到一个创意广告的 Demo 片段（扫码可观看）。

图 4–36　创意视频生成与发布

除此之外，Runway Gen-3 的"文字生成"功能也可以帮助我们快速生成一系列炫酷的广告片段。以文生视频为例，只需简单地描述场景、拍摄手段、画面主体、运动轨迹、转换的文字信息（目前只支持英文字母），AI 便可以帮助我们完成如图 4–37 所示的视频。具体提示语示例如下：

图 4–37　Runway Gen-3 生成文字动效示例

DSLR shooting, on the bustling city road, a sports car is racing at high speed, flying into the sky and turning into the word "FLYING". (单反拍摄，在繁华的城市道路上，一辆跑车高速行驶，飞到空中并变成了"FLYING"字样)。

使用类似的方法，我们可以生成一系列从视觉元素转换成文字元素的视频片段，并组合应用到企业品牌或产品的宣传片中。图 4-38 所示画面，均为使用 Runway Gen-3 生成的视频片段示例（素材来源于网络）。

图 4-38　Runway Gen-3 图片转文字动效应用示例

通过组合应用各种 AI 工具，即便是没有视频制作背景的用户，也能快速实现专业级的广告创作；而对于专业人员而言，AI 的创意辅助功能不仅可以提升工作效率，同时也是一个用之不竭的灵感源泉。无论是对于业余爱好者还是专业制作人来说，AI 技术都在开辟广告创作和视觉叙事的新空间和新可能。

AI 虚拟数字人构建

想象一下，当你忙于各类职场事务而分身乏术时，有一个"虚拟的你"能帮你去回消息、讲 PPT 甚至参与会议，那该有多好。这种"虚拟助理"可以根据你的要求处理日常事务，减轻你的工作负担，提高工作效率。虚拟数字人当下已成为许多企业的标配，帮助企业在客户服务、市场推广、内部培训等方面实现自动化和高效化。当下，多模态生成式技术的发展正在快速降低虚拟数字人的生产成本，大量在线应用让虚拟数字人从"企业级标配"逐渐转化为"个人用户标配"。无论是在企业中还是在个人应用中，虚拟数字人都展现了广阔的应用前景和巨大的潜力。掌握基础的虚拟数字人制作和应用工具，可以让你更好地应对职场中的各种挑战，实现个人发展和职业技能的双重提升。

5.1 虚拟数字人的制作和应用工具

制作一个虚拟数字人涉及视觉形象、声音、文本、交互等多模态内容的集成，对于个人而言看上去"遥不可及"或成本高昂。目前已有大量在线工具可满足"图生数字人""视频驱动数字人"等多种应用，虽然精细程度和灵活性上相对受限，但对于职场中日常应用而言已足够。本节重点针对个人级别的虚拟数字人制作和应用工具进行介绍。

5.1.1 有哪些虚拟数字人制作工具？

相比于企业级应用中常见的"中之人"驱动（真人操控虚拟人）和 AI 驱动，个人级虚拟数字人更多是 TTS（文本转语音）驱动，也即通过给定虚拟人要说的话，让虚拟人完成语音、动作、神情等多维交互。用户只需在线注册相关工具，提供必备的素材——可以是一张图片、一句描述或者一段视频，AI 便可以帮助生成虚拟人形象，并借助该形象完成语音播报、智能交互等多种任务。常见的虚拟数字人制作工具如表 5–1 所示。

表 5–1　常见虚拟数字人制作工具

工具名称	功能特点
HeyGen	多语言翻译、音色同步、定制个人数字人、丰富数字人素材、实时预览
D-ID	图片生成数字人、数字身份、隐私保护、安全加密、区块链技术、去中心化、跨平台兼容
RaskAI	自然语言处理、信息检索、答案生成、视频本地化、音频本地化、多语言支持、自动化任务管理、智能工作流程、数据分析
腾讯云智能数智人	多模态人机交互系统、可交互"数智分身"、多种应用场景
讯飞智作	文本创作、内容个性化、语音播报、多语种支持
商汤如影	个性化定制、AI 驱动、真实还原、多场景应用、高清画质
Synthesia	钢琴模拟、学习工具、虚拟键盘、MIDI 支持、AI 角色、文本转语音、视频生成、模板丰富、自定义功能
Kalidoface	实时虚拟角色、面部和身体追踪、个性化定制、互动功能、跨平台兼容、易用性、专业整合

5.1.2 有哪些虚拟数字人应用工具？

通过以上这些工具制作出来的虚拟数字人，除了可以在平台内部进行视频播报、动态海报、PPT 讲解等应用，还可以嫁接到多个第三方专业工具中进行应用。Canva、剪映、元娲等平台均提供了虚拟数字人在线应用功能，通过导入定制数字人或平台自带虚拟人，可以实现虚拟人主播、讲解员、旁白等多种职场应用。

1. Canva：虚拟数字人讲解

在前面章节内容中我们已经介绍过了 Canva 的基础使用，在 Canva 中我们除了可以进行 PPT、视频、网页、海报等作品设计，还可以在设计作品中加入虚拟数字人来进行作品的阐释和播报。

从具体操作来看，在完成 PPT 等作品制作后，点击左侧功能栏中的"应用"，选择"AI 应用"，或者直接检索 HeyGen、D-ID 等应用名称，即可启动相关应用（见图 5–1）。需要注意的是，在 2.4.4 中我们介绍了 Canva 国际版和国内版的差异，AI 数字人的应用目前仅可在国际版 Canva 中启用，国内版暂不支持，在登录网址时要区分。

图 5–1　Canva 中 AI 虚拟数字人应用示例

此处我们以 D-ID 为例，在 Canva 应用中选择"D-ID AI Presenters"，登录你的 D-ID 账号，即可在 Canva 中调用 D-ID 相关功能（5.2.1 中会具体介绍 D-ID 使用）。如图 5–2 所示，选择对应的虚拟人、讲解文本、语种、声音、角色等属性后，点击生成"Generate Presenter"，D-ID 会自动关联你的账号，并调用接口生成数字人讲解视频。我们将生成的视频拖动到 Canva 中合适的区域，调整为合适的背景和形状，即可让数字人自动化讲解 PPT 等作品。

图 5–2　D-ID 相关属性设置

2. 剪映：虚拟数字人主播

在视频剪辑过程中，目前也有大量剪辑软件支持虚拟数字人的播报应用。此处以剪映为例，在 3.3.3 中我们介绍了剪映的"音色"功能，剪映除了提供 AI 声音播报，同时也支持 AI 数字人播报。如图 5–3 所示，安装剪映专业版后，使用抖音账号即可登录使用。

在剪映中使用数字人功能需要先添加一段"文本"内容，如图 5–4 所示，上传素材后，点击添加"文本"，在页面右侧功能属性区输入需要播报的文字内容，调节好字体、字号等属性，即可选择启动"数字人播报"功能。

在剪映中，可以对数字人的形象、音色、景别、背景等属性进行设置（见图 5–5）。其中，数字人形象可以采用剪映自带的形象模板，也可以定制属于自己的数字人形象（收费服务，49 元 / 月）；音色同样可以采用模板音色，或者克隆自己的声音；景别可以选择全身、半身或者脸部特写；背景可以采用纯色或透明背景，也可以上传自有图片作为播报背景。完成了对数字人相关属性的设置后，便可编辑导出视频。

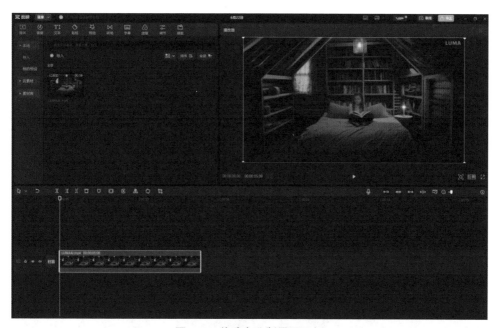

图 5-3 剪映专业版界面示例

图 5-4 剪映数字人功能示例

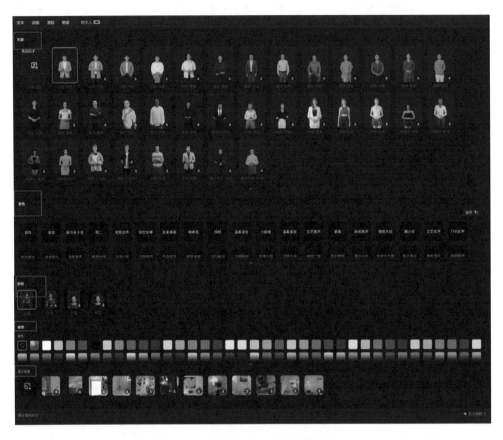

图 5-5   剪映数字人相关属性设置

3. 腾讯智影：虚拟数字人播报

在 3.3.1 中我们介绍了使用腾讯智影平台进行"文本配音"，该平台同样支持数字人播报功能。如图 5-6 所示，选择"数字人播报"，即可进入到相关功能使用。

我们可以直接使用腾讯智影的数字人播报"模板"进行复用，相关背景、素材、文字、播报内容、数字人形象、音色均可进行替换。如图 5-7 所示，选择合适模板后，可依次完成对页面视觉元素和播报内容的设置。

图 5-6　腾讯智影数字人播报入口

图 5-7　腾讯智影数字人播报模板

　　除此之外，我们还可以选中数字人，对其形象进行细节调整。如图 5-8 所示，我们可以选择指定数字人的服装、头发、姿态、鞋子、形状等属性，同时也可对数字人出现的画面背景、透明度等进行设置。

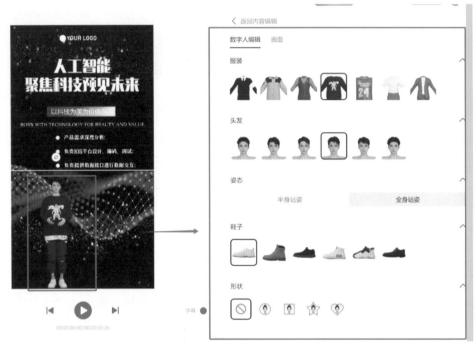

图 5-8　腾讯智影数字人形象编辑示例

　　除了直接使用模板中的数字人形象，还可以在"数字人库"中找到更多数字人形象进行替换。腾讯智影提供了丰富的数字人模板，我们可以选择预置形象来播报，也可以选择上传自己的照片进行"口型"播报（见图 5-9）。

图 5-9　腾讯智影数字人预置形象播报和照片播报示例

4. 元娲: 虚拟数字人交互

如果我们需要更加商业级别的应用,那么除了以上这些工具,还可以选择元娲(见图 5–10)等商用级数字人平台进行形象定制和交互应用。

图 5–10　元娲数字人平台入口和界面示例

在元娲平台中,可以选择真身复刻、超写实、卡通等不同形象的虚拟数字人进行应用,也可以通过视频和照片定制属于自己的虚拟人形象(见图 5–11)。

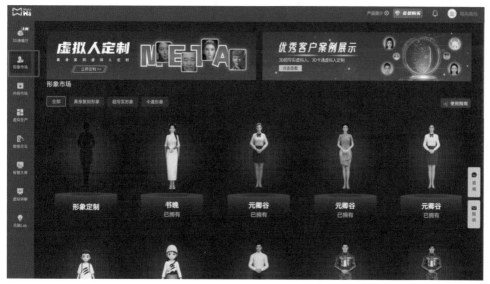

图 5–11　元娲虚拟人形象定制界面示例

选择了合适的虚拟数字人形象，便可在元娲平台上应用 3D 演播、PPT 演播、视频讲解、网页讲解、大屏讲解等多场景的交互功能。如图 5-12 所示，如果我们需要数字人帮我们讲解数字展厅、博物馆或者会场等 3D 空间，我们可以启动"3D 演播"功能，让数字人在 3D 空间中的不同场景进行移动，并设置对应区域的播报内容，依次设置音色、镜头、背景音乐、文本字幕和特效等属性，最终完成导出数字人的 3D 播报视频。

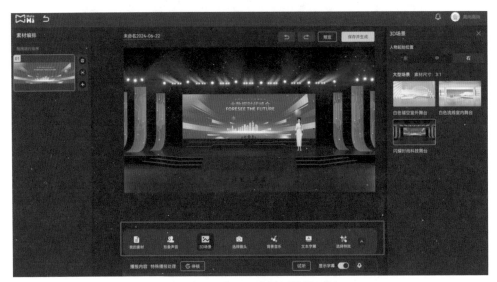

图 5-12　元娲 3D 演播厅编辑示例

除了进行视频、PPT、演播厅等场景播报，使用元娲还可构建虚拟人客服（AI 问答）、AI 导览、智慧大屏等智能交互体（见图 5-13）。通过对特定形象虚拟数字人设置其交互问答模板、知识库、交互场景等属性，可以实现数字人的多场景、多领域的智能问答。

图 5-13　元娲其他交互功能示例

5.2　虚拟数字人的制作步骤

考虑到工具的易用性、模板的丰富性和性价比等因素，本节以 D-ID 和 HeyGen 为例，介绍虚拟数字人的制作步骤。包括简单的图片播报类数字人制作，以及"真身复刻"类数字人制作。

5.2.1　如何让图片类虚拟数字人开口说话？

如果我们只想做一个简易的图片类虚拟数字人，D-ID 是当前相对主流、功能比较丰富的一个选择。D-ID 成立于 2017 年，集成了深度学习面部动画技术以及生成式 AI 模型，允许用户生成数字人形象和面部动画、音频文件。如图 5-14 所示，登录注册 D-ID 后，我们可以选择 "Create a video"（新建视频）选项，进入虚拟数字人视频制作界面。

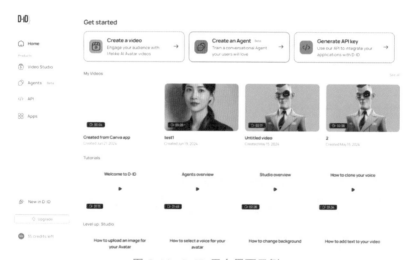

图 5-14　D-ID 平台界面示例

在 D-ID 中我们可以选择自己上传数字人形象，也可以选择通过 AI 自动生成数字人形象。确定形象后，可以对该数字人的表情（自然、开心、惊讶、严肃）、动作（自然、活泼）、姿势以及口音（语种和音色）进行设置（见图 5-15）。

完成数字人形象设置后，可选择 "Script" 完成数字人朗读文本设置。如图 5-16 所示，可以输入文本，以 TTS 模式进行视频配音，支持对不同语种、不同性别、不同音色的角色进行切换；也可以上传或者录制一段音频，作为数字人口播内容。

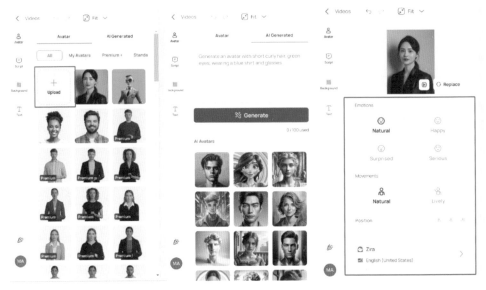

图 5–15 D-ID 虚拟数字人形象选择和属性设置界面示例

图 5–16 数字人朗读文本设置示例

在完成所有设置后，选择"Generate Video"（生成视频）便可生成图片类虚拟数字人的口播视频。如图 5-17 所示，生成的视频可以进行分享、编辑和下载，同时，设置好的虚拟数字人形象也可以在 Canva 等应用中进行调用。

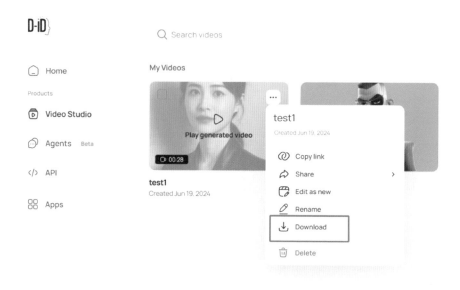

图 5-17　数字人视频下载与分享示例

5.2.2　如何打造你的"真身复刻"虚拟数字人？

除了打造图片类的虚拟数字人，我们还可以给自己"量身定制"一个真人版的虚拟数字人。目前有多类工具支持"真身复刻"虚拟数字人，可实现从形象、口型、表情、动作、声音等多方面的一比一克隆，只需要上传几分钟的视频内容作为训练素材，便可得到一个专属数字人模型。其中，HeyGen 是目前用户规模相对较大、使用便捷、功能丰富且可免费构建数字分身的一个平台。该平台提供了超过 100 个 AI 化身，支持 40 多种语言、300 多种语音选项，通过选择模板、选择化身、输入脚本和添加多媒体元素等步骤，用户可以快速制作专业视频。此外，HeyGen 还提供了如面部替换、声音克隆以及将 PPT 演示转换为视频的功能，使其成为职场应用的一个多场景适配工具。

如图 5-18 所示，注册登录 HeyGen 后，选择"Video Avatar"我们可以看到平台提供的大量数字人模型，一共可分为三类，其一是"Instant Avatar"（快速定制数字人），也即通过视频克隆一个数字人；其二是"Photo Avatar"（图片类数字人），类似 D-ID 可以通过图片生成数字人形象；其三是 "Studio Avatar"（官方数字人模型），目前平台有数百个 3D 真人形象的数字人可供使用。

图 5–18　HeyGen 虚拟数字人模型示例

如图 5–19 所示，通过 "Instant Avatar" 可以快速创建一个属于自己的克隆数字人，每个用户拥有一个免费名额。点击 "Create Instant Avatar"，根据提示录制或上传一段自己的视频内容即可。

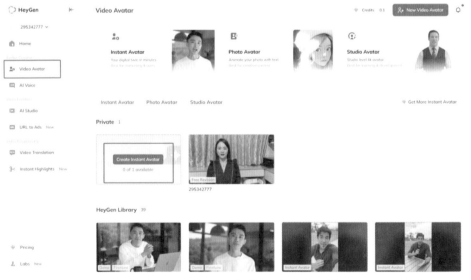

图 5–19　HeyGen 生成虚拟数字人示例

　　HeyGen 支持两种真身复刻数字人模式，一种为"静态模式"，也即数字人形象在不移动的情况下进行播报，可以有表情、手势、头部动作等上半身的动作；第二种为"移动模式"，也即"边走边讲"等动态视频，可根据需求进行模板选择（见图 5–20）。

图 5–20　数字人生成的静态模式和动态模式

　　选择模式后，下一步需按照要求提供训练视频素材给 AI。相关要求如图 5–21 所示，首先上传视频时长在 2~5 分钟，尽量采用高清摄像机，方便更清晰地捕捉到面部表情和口型的变化；而且需要尽量选择一个安静、没有背景杂音的环境进行录制，方便对个人声音特征的捕捉和克隆；此外，录制时需要直视摄像头，有一些简单的手势动作，同时在录制过程中需要有一些明显的停顿（停顿时保证不要张嘴或有口型动作），从而提升 AI 训练模型的质量。

　　按照以上要求，录制完成视频后即可上传到 HeyGen，如图 5–22 所示，也可以参考官方给出的录制视频样例进行录制后上传（文件大小控制在 5G 以内），或者直接使用电脑摄像头进行快速录制。需要注意的是，对于免费版的"克隆"数字人，其背景、服装、发型等要素是不可修改的，也就是完成"复刻"后，以后使用该数字人制作的视频和上传的训练素材中的人物形象一致。

✓ Intro   2 Instructions   3 Upload   4 Consent

← Video instructions   Text instructions

⊘ Recommended	⊗ Things to avoid
• Submit **2-5 mins** of footage (required) • Use a **high resolution** camera • Record in a **well-lit, quiet** environment • Look **directly** into the camera • **Pause** between each sentence with your **mouth closed** • Use <u>generic gestures</u> and keep hands below your chest	• Stitched or cut footage • Talking without pauses • Changing positions while recording • Loud background noise • Shadows on or overexposure of your face • Diverting your gaze or looking around • Hand gestures above the chest • Use of <u>pointing gestures</u>

💡 Tips: Feel free to talk about any topic in the language of your choice. Just relax, be yourself, look into the camera, and we will take care of the rest 😊

View detailed instructions <u>here</u>, or <u>download</u> it as pdf.

Next step

图 5–21   "克隆"数字人视频录制相关要求

Upload your footage

For the most optimal and realistic results, we recommend uploading a 2-minute video recorded with a high-resolution camera or smartphone. If you're just testing the product, feel free to submit a 30-second recording using your webcam.

Recommended

⬆ Upload Footage >
Best quality

◉ Record with Webcam >
Quick try

Checkout our example footage

图 5–22   视频录制或上传

上传完视频后，依次核对图 5–23 所示要点是否满足，包括脸部信息是否一直可见、句子间是否有停顿、是否直视摄像头、环境是否安静等。确认无误后还需录制一段个人形象使用授权声明，之后便可提交 AI 进行训练。

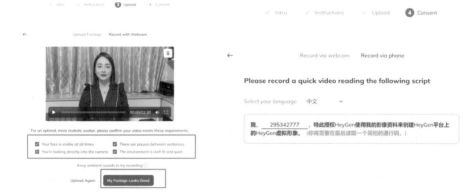

图 5-23　训练视频相关要素检查与授权声明

　　一般而言，不到 10 分钟的时间，HeyGen 便可生成属于你的专属定制数字人形象。生成后可以在图 5-19 所示"Video Avatar"中找到定制数字人形象，并应用其来生成一系列播报视频，同时 HeyGen 中的虚拟数字人形象也支持在 Canva 等第三方平台进行调用。这样我们就可以利用"真人形象数字人"去完成一系列"出镜任务"了，尤其是在多语种视频生成过程中，当个人口语实力不佳时，可让数字人来帮我们完成各种语言的视频录制任务，只用输入需要说的文本内容，数字人便会用你的形象和你的声音完成视频生成任务。

　　从具体操作来看，如图 5-24 所示，在生成定制数字人形象后，点击"AI Studio"选择"Create with AI Studio"创建一个新的数字人视频。

图 5-24　数字人应用功能示例

　　在视频编辑界面（见图 5-25），在"Avatar"区选择我们自己定制的数字人形象，同时在"Script"区输入我们需要读的文字内容。如有需要，还可以利用 HeyGen 上提供的模板素材、设计元素等去丰富视频内容，完成后可以点击"Preview"进行预览，确认无误后点击"Submit"提交生成视频。

图 5-25 真身复刻数字人的视频编辑界面示例

生成的视频可以在"AI Studio"中进行编辑、分享和下载等操作。图 5-26展示了 HeyGen 生成的两段真身复刻虚拟人视频（扫码可观看），可发现其在英语内容视频制作上效果非常自然，中文播报部分读音仍存在"机械化"现象，我们也可以通过自己上传声音或者使用国内 AI 音频软件配音实现视频内容的整合优化，以便在更多场景下能"无差别"使用。

图 5-26 真身复刻数字人应用示例

5.3 虚拟数字人职场应用

虚拟数字人作为"数字化员工",不仅成为企业提升科技感的"标配",更在实际生产运作中发挥着重要作用。尤其是 AI 驱动的数字人,不仅能够高效地处理重复性任务,将员工从繁琐的工作中解放出来,还可以通过智能交互,成为企业对外沟通和关系维系的一个可视入口,从多方面为企业创造价值。

5.3.1 如何用虚拟数字人来讲 PPT?

除了 5.1.2 中所介绍的设计工具 Canva,包括 HeyGen、腾讯智影等在内的虚拟数字人平台均支持采用平台内的定制数字人,来进行 PPT 等文档材料讲解。如果我们希望以自己的"数字分身"来讲解 PPT,可以使用 HeyGen。如图 5-27所示,在 HeyGen 中选择"Create With AI Studio"可以进入 AI 视频编辑页面,平台提供了大量讲解类视频模板(Template),可以根据内容风格进行选择,选择模板后,我们可以依次针对模板中的数字人形象、声音、朗读文本、讲解内容、设计元素、背景音乐等进行修改和替换。

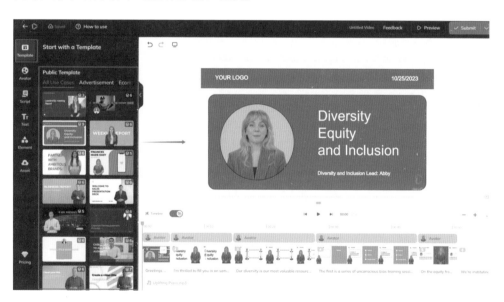

图 5-27 HeyGen 中 PPT 讲解模板示例

如图 5–28 所示，选中模板后，点击左侧功能栏中的"Avatar"，可以看到我们自己创建的定制数字人形象和平台内置的一系列数字人形象，选择合适的，便可一键替换模板中的数字人形象。

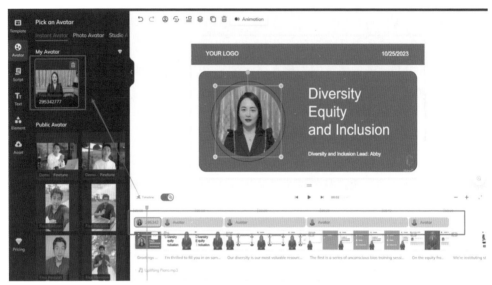

图 5–28　虚拟数字人形象替换示例

替换完形象后，可以进一步替换 PPT 中的设计元素、文字内容和对应的讲解旁白。如图 5–29 所示，首先我们可以和编辑 PPT 一样将模板中的各种素材内容进行修改、替换，根据个人需求对每一页面的排版布局进行调整。完成后便可选中页面下方的"Script"（蓝色区域），在左侧功能栏区对模板文字内容进行删除、替换。替换文字内容的同时，可以根据语种和音色需求选择更合适的 AI 声音进行配音。

此外，还可在 HeyGen 中对讲解视频的背景配乐、多媒体元素嵌入、页面设计等其他内容进行调整。确认无误后，便可点击页面右上角的"Preview"进行预览，进一步点击"Submit"进行发布（见图 5–30）。发布后的视频可以在"AI Studio"页面进行查看和下载。

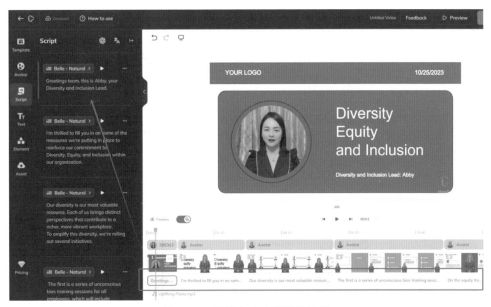

图 5-29　讲解文本内容替换示例

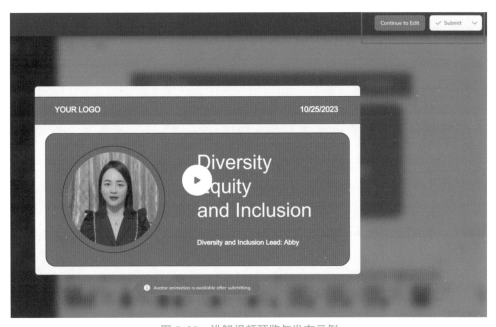

图 5-30　讲解视频预览与发布示例

除了 HeyGen，腾讯智影也支持 PPT 播报功能，我们可以上传自己的 PPT，让虚拟数字人帮我们逐一讲解每一页的内容。如图 5-31 所示，我们选择 "PPT 模式"，上传自有 PPT 文件，然后选择合适的数字人形象，依次选择每一页 PPT，调整该页面中数字人的位置和大小，输入对应页面的播报文本并选择合适音色，AI 会根据我们输入的内容逐一对 PPT 进行讲解，生成对应的播报视频。

图 5-31　腾讯智影 PPT 播报功能示例

5.3.2　如何用虚拟数字人来播报视频？

虚拟数字人除了可用于讲解 PPT，还可以作为虚拟主播来播报视频内容。在 5.1.2 中我们介绍了视频剪辑工具剪映中的数字人应用，只需上传视频素材，插入需要解说的文本内容，选择合适的数字人形象进行播报即可。除了剪映，在 HeyGen 中我们也可以选择上传视频素材，如图 5-32 所示，上传后拖动到编辑页面中，然后参考 5.3.1 中的操作，选择解说数字人形象、添加播报文本及其他设计元素后，便可直接生成数字人播报视频。

如果我们需要更多本土化的数字人形象来进行播报和配音，还可以利用腾讯智影的 "视频解说" 功能来增加视频旁白。如图 5-33 所示，登录腾讯智影后选择 "视频解说" 可以进入视频上传和编辑界面。

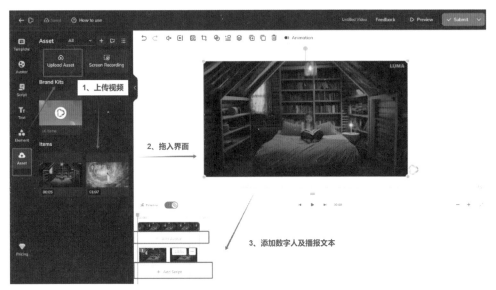

图 5-32　HeyGen 中视频上传与数字人播报内容编辑

图 5-33　腾讯智影中视频解说入口

　　上传视频素材后，我们可以在腾讯智影上在线编辑旁白脚本。如图 5-34 所示，分别圈选"打入点"和"打出点"，将完整的视频素材切分成不同段落，然后依次针对对应段落的视频内容去添加文字解说词，从而实现解说词和视频内容的精准对应。

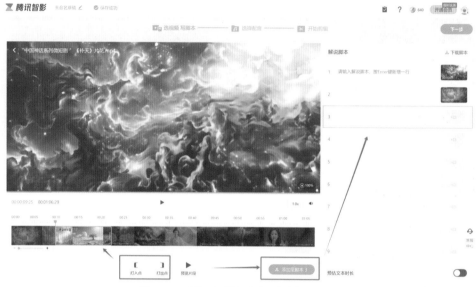

图 5-34 腾讯智影视频解说编辑界面

完成解说脚本的编辑之后，还可以根据视频的应用场景选择合适的音色，或者上传配音来完成旁白内容添加，确认后点击"生成"便可在个人空间查看到 AI 配音视频（见图 5-35）。

图 5-35 腾讯智影视频解说声音选择界面

5.3.3　如何让"虚拟分身"参与线上会议？

定制生成的虚拟数字人模型，除了在平台内部使用，还可以通过推流用于直播、会议等实时交互式场景。目前包括 HeyGen、剪映、腾讯智影等在内的虚拟数字人应用平台都提供了相关推流服务，但均为专业版会员服务或付费定制服务，侧重于专业化的直播场景。而对于个体员工而言，如果我们只是希望使用"虚拟形象"替我们线上参会，此处介绍一种低门槛且低成本（免费）的操作方式，具体需要用到 OBS Studio 和 VTube Studio 两款开源工具。

其中，OBS Studio 是一款免费、开源的多媒体直播和视频录制软件。它支持主流操作系统，包括 Windows、macOS 和 Linux，方便各类用户使用。OBS Studio 提供了强大而灵活的直播功能，可与多种流媒体平台和社交媒体集成。同时，它也提供出色的录制功能，支持高度自定义的录制设置，还具有专业级的混音控制台和丰富的自定义选项，能满足用户的特定需求，目前已成为众多创作者和直播者的首选工具，其界面如图 5-36 所示。

图 5-36　OBS Studio 界面示例

VTube Studio 是一款强大的虚拟形象制作与直播工具。它允许用户创建和定制个性化的虚拟角色，并通过实时捕捉技术，将用户的面部表情和动作同步到虚拟角色上，实现真实的互动体验。该软件支持多种操作系统，界面友好，操作简便。无论是游戏直播、娱乐互动还是在线教育，VTube Studio 都能为用户提供丰富有趣的虚拟形象表达，是新一代直播和娱乐的常用工具，其界面如图 5-37所示。

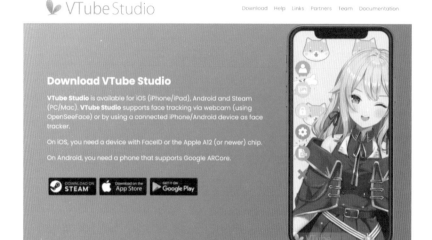

图 5-37　VTube Studio 界面示例

从具体操作来看，我们需要先使用 VTube Studio 来设置自己的"虚拟形象"，然而再使用 OBS Studio 采集定制的虚拟形象画面，并将画面实时推流到我们的会议软件（如腾讯会议）中。这样就可以让 VTube Studio 中的虚拟形象在实时会议摄像头中呈现出来，且伴随着我们的头部、面部、手部动作和口型变化，会议中的虚拟形象也会同步变化，从而实现一种跨次元、跨虚实的"换脸"操作。

由于 VTube Studio 是一款发布在 Steam 平台上的虚拟形象应用，其下载和安装需要在 Steam 平台上完成。Steam 平台集数字版权管理、多人游戏、视频流和社交网络服务于一体，是全球最大的数字游戏发行平台之一，为玩家提供便捷的游戏购买、下载、安装和社交服务。如图 5-38 所示，我们注册登录 Steam 平台后，检索"VTube Studio"并进行下载和安装即可（类似在 APP 应用商店下载和安装 APP）。

安装完成后，点击开启 VTube Studio，进入界面如图 5-39 所示。我们可以选择切换自己的虚拟形象，目前平台仅提供少量的二次元虚拟形象，也支持自己上传虚拟形象的模型，如通过第三方平台定制得到自己的虚拟形象模型并按照操作要求进行上传和使用。除了形象设置，也可以对虚拟形象背景进行选择和上传。

图 5–38　在 Steam 平台上下载安装 VTube Studio

图 5–39　VTube Studio 虚拟形象选择和背景设置

完成形象选择后，最重要的一步是面部捕捉相关属性设置。这将决定虚拟形象的面部动作和你真实的面部动作的一致性和同步性。如图 5-40 所示，选择主界面的设置按钮，点击"摄像头"图标即可进入面部捕捉设置界面。首先需要"选择摄像头"，点击后选择电脑自带摄像头或外接摄像头设备，其次再结合自己的电脑配置情况选择"捕捉质量"和"捕捉类型"，如果测试有明显卡顿，可以适当降低捕捉质量。设置完成后，选择"面部捕捉开启"，此时软件会自动调用你所选择的摄像头，并弹出一个面部捕捉的小窗口，你可以尝试张张嘴、摇摇头，看看机器捕捉是否到位，如果出现明显偏差可以点击"校准"重新校准面部信息。确认无误后将摄像头输入模式选择为"自动模式"，便可启动"虚拟分身"应用。

图 5-40   VTube Studio 面部捕捉相关属性设置

如图 5-41 所示，VTube Studio 中支持"仅使用面部捕捉""仅使用手部捕捉"和"同时使用面部和手部捕捉"三种模式，可根据摄像头捕捉画面区域来选择。同时，针对面部动作捕捉的精细度也可进行调整，包括对眨眼、睁眼、张嘴、笑容、眉毛等的灵敏度均可进行灵活配置。

完成相关设置后，便可将 VTube Studio 中的虚拟形象实时捕捉画面同步到 OBS Studio 中进行推流。如图 5-42 所示，我们首先需要在 OBS Studio 中增加一个画面"来源"，选择添加"来源"，点击"游戏采集"，可将 VTube Studio 设置为当下的采集来源。

图 5–41　VTube Studio 摄像头捕捉参数设置

图 5–42　OBS Studio 镜头画面来源设置

如图 5-43 所示，在"模式"区域选择"采集特定窗口"，"窗口"中选择"VTube Studio"（此时确保 VTube Studio 是启动运行状态），其他选项可保持默认设置，完成后点击确定便可实现采集画面的同步。

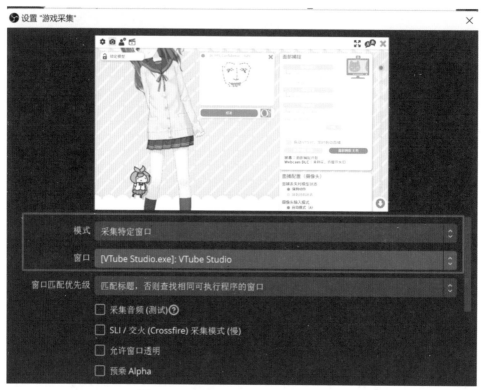

图 5-43　OBS Studio 画面采集窗口设置

配置完采集来源后，在 OBS Studio 中开启"虚拟摄像机"，如图 5-44 所示，点击控制面板中的"开启虚拟摄像机"，此时 OBS 便可作为一个"虚拟摄像头"被各种会议软件所识别了。

开启虚拟摄像机后，此时我们再进入腾讯会议等在线会议软件，打开摄像头，在摄像头选项中选择"OBS Virtual Camera"（见图 5-45），我们的"虚拟分身"便会替代"真身"出镜了。当然，由于成本限制，目前包括 VTube Studio 在内的各种虚拟形象捕捉软件多为二次元或者 3D 虚拟人形象，高仿真和真身复刻虚拟人的实时驱动成本高、制作难度大、对装备要求高，仍处于少量商用场景。但对于"非正式"会议和直播场景而言，虚拟分身的应用无疑是一种创新尝试。

图 5–44 OBS 虚拟摄像机开启

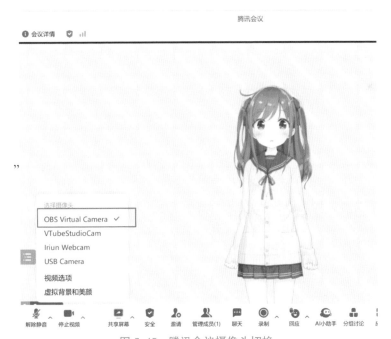

图 5–45 腾讯会议摄像头切换

5.3.4　如何用虚拟数字人来做智能客服？

在本书的 1.4.10 中我们介绍了如何使用文本 AI 搭建企业的智能客服。这里我们将进一步探讨如何利用虚拟数字人来担任智能客服的角色，从而实现从文本交互到语音交互，再到视觉形象交互的多维拓展。虚拟数字人作为智能客服，不仅可以实现 1 vs. N 的多线程服务，提供 24 小时不间断的交互服务，还可以基于强化学习机制不断优化自身的服务能力，不断提升用户体验。目前大量虚拟数字人制作平台均嫁接了大语言模型能力，实现了智能问答的"有形化"，考虑到操作成本和门槛，我们以 D-ID 平台进行实操介绍。

如图 5-46 所示，D-ID 平台提供了"Agents"智能代理功能模块，选择"Create agent"可以基于图片类虚拟数字人来创建一个智能代理。

图 5-46　D-ID 创建虚拟智能体功能示例

具体来看，创建虚拟智能体一共包括四个步骤。首先需要选择一个虚拟数字人形象（Appearance），可以选择在 D-ID 平台上创建的数字人形象或平台自带数字人形象（见图 5-47）。

第二步需要对虚拟智能体的名称、语种、音色、功能特性等进行设置。如图 5-48 所示，在 Agent Details 模块可定义虚拟智能体的名称，选择适配的语种和声音（也可以克隆自己的声音），然后对虚拟智能体的人设、功能、任务、要求等进行文字描述（可选项），完成后便可点击"下一步"进行后续设置。

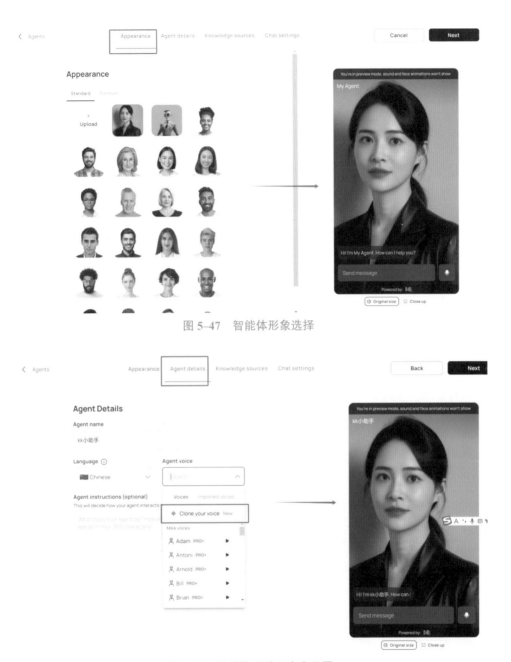

图 5-47　智能体形象选择

图 5-48　智能体语种和声音设置

除了设置虚拟智能体的形象和音色等，还需要上传知识库（Knowledge

source）供虚拟智能体进行学习，作为训练语料来强化虚拟智能体的交互问答能力。如图 5-49 所示，D-ID 平台提供三种知识库交互模式，其一是"Grounded"（本地模式），也即完全使用你所上传的知识库来进行交互问答；其二是"Hybrid"（融合模式），也即优先参考你所上传的知识库，其次再考虑参考通用领域的知识来进行交互问答；其三是"Ungrounded"（非本地模式），也即完全参考通用领域的知识来进行交互问答。上传本地知识库后，选择合适的知识库模式即可。

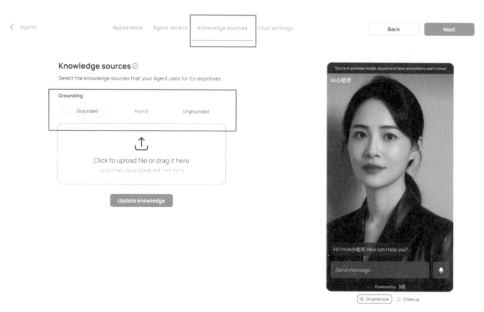

图 5-49　虚拟智能体知识库设置

完成知识库设置后，最后一步则是设置交互界面元素，包括"Welcome message"（欢迎语）和"Starter questions"（启动问题），作为给用户交互的参考样例（见图 5-50）。完成设置后便可点击"Create Agents"进行虚拟智能体创建，已创建的虚拟智能体还可以随时修改相关属性，修改后点击"Save changes"便可完成更新迭代。

创建完成后可以在"Agents"界面找到已经创建的虚拟人智能体，可通过文字或者语音交互的模式与其进行交互问答，虚拟智能体可进行语音和文本形式的回答，并伴随口型、表情、眨眼、点头等基本动作。经测试无误后便可选择分享和发布，目前 D-ID 支持发布到包括 Twitter、Facebook 等在内的全球社交媒体平台，同时也可以选择"Copy link"（复制链接）直接将网页端的"虚拟客服"分享给其他用户进行交互使用（见图 5-51）。

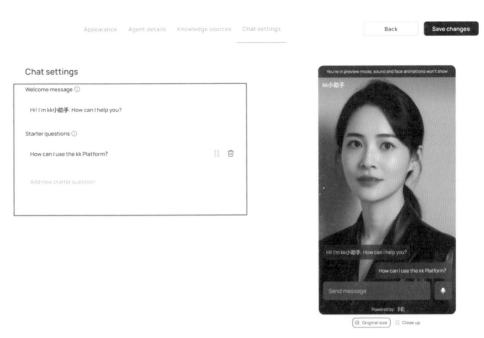

图 5–50　虚拟智能体交互界面设置

图 5–51　虚拟智能体分享与发布

　　虽然当下"数字化员工"的应用仍属个别标杆样例，相比于生产性应用和实质性提效，其宣传性作用和试水性应用更为明显，但这并不妨碍我们预见其巨大的潜力和未来的广泛应用。随着技术的不断成熟和成本的降低，虚拟数字人将在更多领域发挥实质性作用。它们不仅能够提高工作效率，减少人力成本，还能通过精准的数据分析为企业提供更科学的决策支持。可以预见，在不久的将来，随着"硅基生命"和"碳基生命"的深度互嵌和互利共生，虚拟数字人将成为企业运营中不可或缺的一部分，推动职场向更高效、智能化的方向发展。

综合来看，从单模态的文本 AI、图片 AI、音频 AI，到多模态集成的视频 AI、AI 数字人，生成式 AI 在职场中的应用深度逐步加深、应用广度逐步拓宽、应用门槛不断降低，越来越多的企业和个人能够轻松地利用 AI 提高工作效率和创新业务模式。这无疑预示着 AI 将在职场中发挥越来越重要的作用，成为推动生产力提升和生产关系变革的重要力量。在"第四次工业革命"加速演进的当下，能用 AI、会用 AI、善用 AI 将成为每个职场人士的必修课。

本书所演示 AI 工具汇总

工具类别	序号	工具名称	应用场景（本书演示案例）
文本 AI	1	WPS AI	自动生成 PPT
	2	通义听悟	自动生成会议纪要
	3	星火科研助手	长篇幅资料阅读
	4	Kimi	长篇幅资料阅读
	5	天工 AI 搜索	精准信息搜索、口碑分析、热点挖掘
	6	秘塔 AI 搜索	专业信息检索
	7	DeepSeek	深度推理、文案写作、垂直领域深度分析
	8	文心一言	职场沟通话术、文案撰写、专业翻译、口碑分析、热点挖掘、用户分析
	9	TopJianli	智能简历创建
	10	ChatGPT	简历优化、文案撰写、销售/股市数据分析、财报分析、研报生成、可视化图表制作、AI 智能体构建
	11	扣子（Coze）	AI 智能体构建
图像 AI	12	Midjourney	PPT 配图、图标设计、企业 LOGO 设计、产品设计、官网设计、图书封面设计、产品海报设计、职场形象照生成、AI 模特生成
	13	DALL-E 3	
	14	Vega AI	
	15	Canva	企业周边设计、批量名片/海报设计

续表

工具类别	序号	工具名称	应用场景（本书演示案例）
音频 AI	16	ElevenLabs	AI 读稿、AI 声音克隆、AI 变音、AI 语音 / 视频翻译
	17	Suno AI	AI 原创歌曲、AI 音效
	18	腾讯智影	AI 配音、AI 变音
	19	剪映	AI 配音、AI 变音、AI 声音克隆
视频 AI	20	Runway	文生视频、图生视频、镜头控制、笔刷功能
	21	Pika	
	22	Stable Video	
	23	Dreamina	
	24	Luma AI	
	25	可灵 AI	
	26	Domo AI	视频转绘、风格转换
	27	Splitvideo	视频切分
	28	Akool	视频"换脸"
	29	Kaiber	AI 特效、逐帧视频生成
	30	度加创作工具	批量图文转视频、AI 素材匹配、AI 剪辑
AI 虚拟数字人	31	HeyGen	真身复刻虚拟人、虚拟人讲 PPT、虚拟人播报视频
	32	D-ID	图片类数字人、数字人智能体（智能客服）
	33	元娲	虚拟人 3D 演播、虚拟人讲 PPT、虚拟人主播
	34	OBS Studio	虚拟形象参加线上会议
	35	VTube Studio	
	36	剪映专业版	虚拟人克隆、虚拟人视频播报

注：黑字为国内 AI 工具，蓝字为海外 AI 工具。